# STUDIEN ÜBER DIE REDUKTION DER NITRITE UND NITRATE

## EINE NEUE METHODE ZUR QUANTITATIVEN BESTIMMUNG UND TRENNUNG DIESER SALZE

VON DER

EIDGENÖSSISCHEN TECHNISCHEN HOCHSCHULE

IN ZÜRICH

ZUR

ERLANGUNG DER WÜRDE EINES DOKTORS

DER TECHNISCHEN WISSENSCHAFTEN

GENEHMIGTE

## PROMOTIONSARBEIT

VORGELEGT

VON

## PAUL MAYER
DIPL. CHEMIKER AUS FREIBURG I. B.

REFERENT: HERR PROF. DR. E. BOSSHARD
KORREFERENT: HERR PROF. DR. W. D. TREADWELL

Springer-Verlag Berlin Heidelberg GmbH 1920

Vorliegende Arbeit wurde im Juli 1918 am Strahlenforschungsinstitut des Eppendorfer Krankenhauses in Hamburg (Dr. O. Baudisch) begonnen, in einem Fabriklaboratorium fortgesetzt und im Sommer 1919 am Kaiser-Wilhelm-Institut für experimentelle Therapie in Berlin-Dahlem, Chemische Abteilung, (Prof. Dr. C. Neuberg) beendet.

Herrn Prof. N e u b e r g sage ich für die freundliche Unterstützung durch Überlassung einer Arbeitsgelegenheit in seiner Abteilung meinen herzlichsten Dank.

ISBN 978-3-662-23035-0   ISBN 978-3-662-24998-7 (eBook)

DOI 10.1007/978-3-662-24998-7

Meiner lieben Braut
Meinem lieben Freunde

Herrn Dr. Oskar Baudisch, auf dessen Veranlassung ich diese Arbeit unternahm, durch dessen unermüdliche Tätigkeit deren Durchführung mir in dieser Zeit nur möglich wurde, als Zeichen meiner steten Dankbarkeit für alle seine Unterstützung

in Liebe und treuer Freundschaft gewidmet.

Hamburg, Berlin und Ludwigshafen a. Rh.
Juli 1918 bis Januar 1920

## I. Einleitung.

Die Reduktion der Nitrite und Nitrate, welche bekanntlich über die verschiedenen Zwischenstufen, $MeNO_3$, $MeNO_2$, MeNO (NO, $N_2O$), $NH_2OH$ bis zu $NH_3$ führt, ist eine in den verschiedenen Zweigen der Chemie sehr wichtige Frage. Präparativ und technisch ist sie von Bedeutung für die Darstellung dieser einzelnen Reduktionsprodukte, in der physiologischen Chemie interessiert sie im Zusammenhang mit der Stickstoffassimilation, in der analytischen Chemie ist sie zur Ausarbeitung verschiedener Bestimmungsmethoden von Nitriten und Nitraten verwandt worden.

Ihrer Wichtigkeit entsprechend ist schon viel über diese Frage gearbeitet worden, und es sollen hier die rein chemischen Arbeiten, bei welchen in neutraler oder alkalischer Lösung — wie in der vorliegenden Arbeit — reduziert wurde, kurz angeführt werden.

In erster Linie sei die Arbeit von W. Zorn (B. **15**, 125) genannt, da dieser sowohl Nitrite als auch Nitrate ähnlich wie in dieser Arbeit, mit Ferrohydroxyd in der Kälte reduzierte. Er verwendet diese Methode zur Darstellung von untersalpetriger Säure, und gibt an, daß sich nebenbei große Mengen $N_2O$ und ferner $NH_3$ und $N_2$ bildet.

Schönbein (Journ. f. prakt. Chemie **80**, 257; **88**, 460; **105**, 208) erhielt durch längere Berührung von Nitratlösungen mit Wasserstoff Nitrit. Er stellte fest, daß alle Pflanzenstoffe, welche $H_2O_2$ zu katalysieren vermögen, auch Nitrate zu Nitriten reduzieren. Auch durch Elektrolyse, oder beim Umrühren mit einem Kadmium- oder Zinkstab, und beim Eintragen von K, Na, Pb, Zn, erhielt er ebenfalls aus Nitratlösungen Nitrite.

De Wilde (Bull. de l'acad. roy. Belge **25**, 560) bekam bei der Einwirkung von Natriumamalgam auf Alkalinitratlösung ein Gas, das aus etwa 40% $N_2$ und 60% $O_2$ besteht.

Maumené C. R. **70**, 149) erhielt bei der gleichen Reaktion einen Körper, der mit $AgNO_3$, AgNO gab.

Frémy (C. R. **70**, 1207) erhielt hierbei zuerst Nitrite, weiter $NH_2OH$, $N_2$ und $N_2O$.

E. Divers (Lond. A. Soc. Proc. **19**, 425) bestätigte die Angaben Maumenés.

Schlösing (J. B. 1886, 63), Schönbein und Schür (Pharmaz. Einvierteljahrsschriften **18**, 502), Vogelsohn (J. D. Bern 1907) bewirken eine solche Reduktion durch verschiedene in den Pflanzen vorkommende Körper.

Kippenberger (C. 1895, S. 434), erhält durch Einwirkung von Mg, Al, Zn, auf Nitratlösungen Wasserstoff, der das Nitrat zu Nitrit und dieses zu $NH_3$ reduziert.

Boguski (J. russ. phys. Ges. **31**, 552), reduziert Natriumnitrit mit elektrolytischem Knallgas zu $NH_3$.

Angeli und Angelico (R. A. d. L. R **5**, 83) erhielten bei der Einwirkung von Stannochlorid auf Nitrit eine Flüssigkeit, die mit Aldehyd die Hydroxamsäurereaktion gab.

---

Eine ausführliche Zusammenstellung aller Arbeiten über die Nitrit- und die Nitratreduktion, auch solcher die vornehmlich physiologisches Interesse haben, befindet sich in der Zeitschrift für Physiologische Chemie (**89**, 195, 1914. O. Baudisch und E. Mayer, Photochemische Studien zur Nitrat- und Nitritassimilation.)

Schließlich sei noch auf die verschiedenen analytischen Arbeiten hingewiesen, wie sie in jedem Lehrbuch der analytischen Chemie zu finden sind.

Wenn wir alle die bekannten Methoden zur quantitativen Bestimmung und Trennung von Nitriten und Nitraten kritisch durchsehen und sie vom Standpunkt der allgemeinen Verwendbarkeit betrachten, so sehen wir, daß eigentlich aus dieser großen Anzahl Methoden nur wenige der Kritik standhalten.

Zunächst müssen wir in dieser Hinsicht von allen colorimetrischen und gasanalytischen Methoden absehen, obwohl gerade diese letzteren sehr genau sind. Sie erfordern eine besondere Apparatur, die nicht in jedem Laboratorium vorhanden ist, und besondere Übung und Vertrautheit. Für die Nitritbestimmung bleiben uns von diesem Standpunkte aus als erprobte Methoden nur die Titrationsmethode nach Lunge und Raschig. Auch die Lungesche Methode erfordert ziemliche Übung, um übereinstimmende Ergebnisse zu bekommen. Ihre Genauigkeit wird auf höchstens 0,3% angegeben.

Für die Bestimmung von Nitrat bleiben uns dann die ausgezeichnete Methode von Busch (Nitron) und einige titrimetrische Methoden. Sämtliche, sonst sehr einfache und elegante Methoden das Nitrat zu $NH_3$ zu reduzieren und als solches zu bestimmen, sind nicht spezifisch, da vorhandenes Nitrit ebenfalls reduziert wird.

Bei den Trennungsmethoden für Nitrat-Nitritgemische, wie sie von A. Oelsner in der Zeitschr. f. angew. Chemie 1918, S. 170 und 178 zusammengestellt worden sind, fallen uns die Mängel ebenfalls auf. Außer der gasanalytischen Methode von Pellet und Meisenheimer und der angeblich nicht genauen Methode von Fischer und Steinbach erlaubt uns keine der Methoden in einer Probe beide Stoffe, Nitrit und Nitrat jedes für sich zu bestimmen.

Die meisten der Methoden sind Differenzmethoden, in denen der eine Bestandteil rechnerisch bestimmt wird durch die Differenz aus dem Gesamtstickstoff und dem Stickstoff aus dem anderen Bestandteil. Dabei werden also die bei den zwei ausgeführten Bestimmungen gemachten Fehler rechnerisch auf die dritte Bestimmung übertragen. Diese Fehler können bis zu 2% betragen, wie in der oben angeführten Zusammenstellung für die Methode von Winogradski angegeben ist.

Bei einigen dieser Methoden sind außerdem zwei getrennte Proben erforderlich, die eine zur Bestimmung des Gesamtstickstoffes, die andere zur Bestimmung des Stickstoffes des anderen Bestandteils. Hierbei addieren sich naturgemäß die bei den Probenahmen gemachten Fehler zu den oben erwähnten.

Aus diesen Gründen dürfte die in dieser Arbeit angegebene Methode zur Bestimmung und Trennung von Nitrit-Nitratgemischen ihre Berechtigung haben. Sie ist, bei gleicher Genauigkeit wie bei den bisher üblichen Methoden mit allgemein vorhandenen Reagenzien (Ferrosulfat und Alkalihydroxyd) ausführbar, braucht keine besondere Apparatur und ermöglicht bei Gemischen von Nitraten und Nitriten, beide Bestandteile in einer Probe getrennt zu bestimmen.

## II. Experimenteller Teil.

### A. Allgemeines.

Aus einer früheren Arbeit von Baudisch, (Über Nitrit- und Nitratassimilation XV. Eisen und Sauerstoff als notwendige Reagenzien für die Reduktion der Alkalinitrate B. 52, 40. 1919), geht hervor, daß **Alkalinitrate nur in Gegenwart von Sauerstoff durch Ferrohydroxyd über Nitrite zu Ammoniak reduziert werden**, während Nitrite auch in Abwesenheit von Sauerstoff glatt in Ammoniak übergehen.

Diese experimentellen Ergebnisse würden die Ansicht von Baudisch bekräftigen, daß das Nitratsauerstoffatom (damit bezeichnet Baudisch jenes Sauerstoffatom, welches durch Lichtenergie aus Nitraten abgespalten wird) eine prinzipiell andere Bindung am Stickstoff als das Nitritsauerstoffatom besitzen müsse, was symbolisch von ihm folgendermaßen ausgedrückt wird:

$$K\left(N\underset{\underset{O}{\|}}{\overset{\diagup O\diagdown}{\rightsquigarrow O}}\ldots\right) \qquad K-O-N=O$$

Kaliumnitrat  Kaliumnitrit

Bisher wurde allgemein angenommen, daß das Ferrohydroxyd sowohl auf Nitrat als auch auf Nitrit in gleicher Weise reduzierend wirkt, d. h. daß auf Kosten der sauerstoffhaltigen Nitrate und Nitrite in wässeriger Lösung das Ferrohydroxyd zu Ferrihydroxyd oxydiert würde. Die Beobachtung, daß Sauerstoff für die Reduktion der Nitrate erforderlich ist, war mit den bisherigen Kenntnissen dieser und ähnlicher Vorgänge nicht erklärlich, und es war von Interesse, diesen Vorgang einer gründlichen systematischen Bearbeitung zu unterziehen.

Ferner war von Interesse, zu untersuchen, ob auf Grund dieser Erscheinung sich nicht eine quantitative Trennungsmethode von Nitrit-Nitratgemischen ermöglichen ließe.

Zur allgemeinen Orientierung soll der gedachte Arbeitsgang zunächst kurz voraus geschildert werden:

Zu einer bestimmten, in destilliertem Wasser gelösten Menge Nitrit bzw. Nitrat wurde die äquivalente Menge Ferrohydroxyd, d. h. Ferrosulfat und Alkalihydroxyd gegeben, das sich bildende $NH_3$ in überschüssige Normalsäure überdestilliert, und aus der verbrauchten Menge Säure die Menge $NH_3$ bzw. die Menge Substanz, welche reduziert wurde, bestimmt.

Dieser Versuch wurde dann unter Änderung der Bedingungen (Menge Ferrohydroxyd, Alkalinität) wiederholt, und es wurde untersucht, ob die Reduktion des Nitrites zu $NH_3$ dabei so geleitet werden kann, daß sie quantitativ verläuft. Als dies gelang, wurde weiter untersucht, ob unter den so gefundenen Bedingungen auch in einem Gemisch von Nitrit und Nitrat dieses letztere bei Abwesenheit von Sauerstoff nicht reduziert wird, so daß eine quantitative Trennung nach diesem Prinzip möglich wird. Schließlich wurden die Erscheinungen bei der Reduktion der Nitrate systematisch untersucht.

Es sei zunächst die für diese Untersuchungen sowie die für die quantitative Trennung benutzte Apparatur beschrieben. Da sie für das Gelingen der hier angegebenen Versuche eine ausschlaggebende Rolle spielt, ist es notwendig, diese Beschreibung ausführlich zu gestalten.

Es war erforderlich, eine Apparatur zu finden, die es ermöglichte, die zu untersuchende Substanz quantitativ unter Fernhaltung von Luft in den luftfrei gemachten Apparat zu bringen. Nach vielen eingehenden Versuchen und oftmaligen Abänderungen ist die nachstehend gezeichnete Anordnung als die einfachste und zweckentsprechendste gefunden worden.

Der etwa 1000 ccm fassende Erlenmeyer- oder Stehkolben $A$ (Abb. 1), auf dem man mittels Fettstift eine Graduierung in 100 ccm anbringt, ist mit einem doppelt durchbohrten Gummistopfen verschlossen. Durch die eine Bohrung geht einer der für $NH_3$-Bestimmungen üblichen Aufsätze $B$ mit damit verbundenem Kühlrohr $C$ mit Sicherheitskugel. Im Notfalle genügt eine einfache entsprechend gebogene Glasröhre. Das Ende des Kühlrohres taucht in die

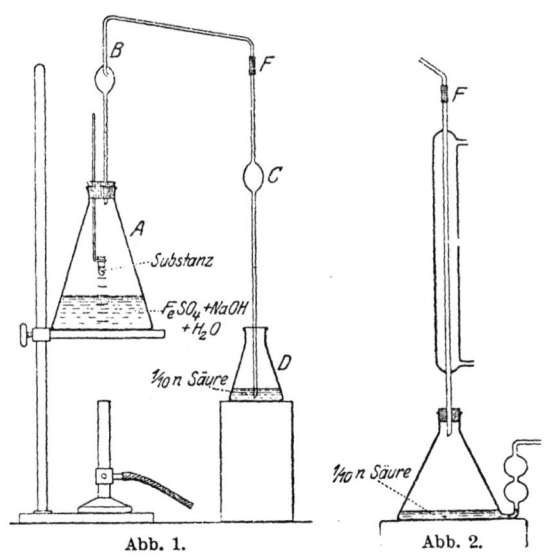

Abb. 1.  Abb. 2.

mit Normalsäure gefüllte Vorlage $D$ ein. Wegen der Gefahr des Zurücksteigens der Säure ist ein Kühlrohr mit Sicherheitskugel stets zu empfehlen. Durch die andere Bohrung geht ein bis an den Boden des Kolbens reichender Glasstab $E$, der an seinem unteren Ende zu einem wagerechten Ring umgebogen ist. In diesem Ring hängt mit viel Spielraum ein kleines Reagenzgläschen von etwa 5 ccm Inhalt (in der Mitte abgeschnittenes gewöhnliches Reagenzglas). Das Gläschen kann natürlich noch in anderer Weise, z. B. mittels Platindraht, an den Glasstab befestigt werden, wodurch man die Herstellung des Glasringes umgeht. Der Glasstab muß in seiner Bohrung dicht schließen, anderseits sich darin nicht zu schwer auf und abbewegen lassen, was man durch Schmieren mit etwas Öl oder Glycerin leicht erreicht.

Während in das Gläschen die in Wasser gelöste, zu untersuchende Substanz kommt, wird im Kolben das Reduktionsgemisch, bestehend aus Ferrosulfat, Alkalihydroxyd und Wasser, gründlich ausgekocht. Der Glasstab ist während der Zeit hochgezogen, so daß das Reduktionsmittel nicht zur Substanz gelangt. Nach etwa $1/_2$ stündigem Kochen ist der Apparat luftfrei, die Vorlage wird eingesetzt und der Glasstab heruntergedrückt, so daß das Gläschen durch den Boden des Kolbens aus dem Ring herausgehoben wird und in den Kolben fällt. Die Reduktion beginnt, das $NH_3$ wird abdestilliert, in der Vorlage absorbiert und dort durch Zurücktitrieren der Säure mittels Lauge und Methylorange bestimmt.

Auf diese Weise gelingt es praktisch vollkommen unter Luftabschluß zu arbeiten. Alle anderen Mittel zur Verdrängung der Luft z. B. durch Einleiten von Stickstoff oder Wasserstoff sind komplizierter und führen kaum zum Ziel, da es sehr schwierig ist, diese Gase sauerstofffrei zu machen.

Daß bei dieser Arbeitsweise der Apparat tatsächlich sauerstofffrei ist, wurde wie folgt nachgeprüft:

Der Kolben wird mit einer Lösung von Alkalihydroxyd in Wasser gefüllt, während in das Gläschen wässerige Pyrogallollösung kommt. Nachdem $1/_2$ Stunde ausgekocht ist, wird das Gläschen heruntergedrückt. Die Flüssigkeit färbt sich wahrscheinlich durch die Alkaliverbindung des Pyrogallols hellrosa und nicht die Spur braun, wie das in Gegenwart von Sauerstoff der Fall ist. Nimmt man nun die Flamme und die Vorlage weg, so daß durch das Abkühlen Luft eingesaugt wird, so wird augenblicklich Sauerstoff absorbiert und die Lösung färbt sich an der Oberfläche braun.

Bei solchen Bestimmungen oder Versuchen, wo Luftabschluß nicht erforderlich ist, wird die Substanz gleich zu Anfang mit dem Reduktionsmittel zusammen in den Kolben gegeben. Die ganze Vorrichtung mit dem Glasstab und das Auskochen fällt dementsprechend weg. In diesem Falle empfiehlt sich auch, an Stelle des gewöhnlichen Kühlrohres und der gewöhnlichen Vorlage einen Liebigschen Kühler und eine Vorlage nach Varrentrap-Will einzuschalten (Abb. 2). Diese Anordnung gestattet in einfacher Weise das Ende der Reaktion zu erkennen, indem am Ende des Kühlrohres ein überdestillierender Tropfen aufgefangen und mit Neßlers Reagenz auf $NH_3$ geprüft wird. Bei der Anordnung nach Abb. 1, wo das Kühlrohr in die Vorlage taucht und bis zum Schluß der Reaktion tunlichst nicht daraus entfernt werden darf, um ein Eindringen von Luft in den Kolben zu vermeiden, ist eine solche Probenahme nicht möglich. Zahlreiche Versuche haben jedoch ergeben, daß bei den angegebenen Mengen Substanz, die verwendet wird, das gesamte gebildete $NH_3$ nach Abdestillieren von etwa 150 ccm sich in der Vorlage befindet.

Auch für die später geschilderte Trennung von Nitrit-Nitratgemischen empfiehlt sich diese letztere Apparatur, da man bei dem unbekannten Gehalt des Gemisches den Endpunkt der Reaktion genau feststellen kann und somit oft viel Zeit spart. Der Apparat muß dann aber sehr gründlich, etwa eine Stunde, ausgekocht werden.

Eine weitere anfängliche Schwierigkeit war das außerordentlich starke Stoßen der Flüssigkeit beim Destillieren, das eine glatte Destillation unmöglich machte, sogar in einem Fall den Apparat zertrümmerte.

Nachdem die verschiedensten Mittel und Apparaturen dagegen ausprobiert worden waren, hat sich als sicherstes und einfachstes Mittel die Zugabe von etwa 10 Stück fingernagelgroßen porösen Tonscherben erwiesen. (Aus den üblichen porösen Tontellern.) Die Destillation verläuft damit, auch bei den stärksten Alkalikonzentrationen, vollkommen glatt.

Es sollen nun im folgenden die systematisch ausgeführten Versuche beschrieben werden.

## B. Reduktion der Nitrite.

Ausgehend von der Gleichung:

I) $6\,FeSO_4 + 6\,Na_2CO_3 = 6\,FeCO_3 + 6\,Na_2SO_4$
II) $6\,FeCO_3 + 6\,H_2O = 6\,Fe(OH)_2 + 6\,CO_2$
III) $KNO_2 + 6\,Fe(OH)_2 + 5\,H_2O = NH_3 + 6\,Fe(OH)_3 + KOH$

werden im

Versuch 1: 0,425 g $KNO_2$, 3,3 g $Na_2CO_3$, 4,5 g $FeSO_4$ (wasserfrei) und 500 ccm $H_2O$ in den Kolben gegeben, erhitzt und das gebildete $NH_3$ abdestilliert, bis ein übergehender Tropfen keine Gelbfärbung mit Nessler-Reagenz gibt. Die Vorlage enthält 15 ccm $^1/_2$ n-Säure. 0,425 g $KNO_2$ ($^1/_{200}$ Mol) geben bei vollständiger Reduktion $^1/_{200} \cdot 17 = 0,085$ g $NH_3$, entsprechend 10 ccm $^1/_2$ n-Säure.

Verbraucht: 2 ccm Säure = 20% des sich theoretisch bildenden $NH_3$. Im Kolbenrückstand ist kein Nitrit mehr nachweisbar.

Versuch 2: Wie vorher mit der doppelten Menge an $Fe(OH)_2$, d. h. 0,425 g $KNO_2$, 6,6 g $Na_2CO_3$, 9,9 g $FeSO_4$, 500 ccm $H_2O$. Verbraucht: 2,2 ccm Säure = 22% $NH_3$.

Versuch 3: Wie vorher, mit der dreifachen Menge $Fe(OH)_2$, d. h. 0,425 g $KNO_2$, 9,9 g $Na_2CO_3$, 13,6 g $FeSO_4$, 500 ccm $H_2O$. Verbraucht: 2,6 ccm Säure = 26% $NH_3$.

Bei Verwendung auch von größeren Mengen an $Fe(OH)_2$, bis zum zehnfachen der theoretisch erforderlichen Menge, wird die Menge des erhaltenen $NH_3$ kaum merklich größer.

Bei allen diesen Versuchen wird die Vorlage von einem lebhaften Gasstrom passiert. Das aufgefangene Gas wird durch den Geruch und durch das Entflammen eines glühenden Spanes als $N_2O$ identifiziert.

Bei den nächsten Versuchen wurde nun die Menge des angewandten Alkalis vergrößert.

Versuch 4: Wie vorher, mit einem Alkaliüberschuß. 0,425 g $KNO_2$, 10 g $Na_2CO_3$, 9,9 g $FeSO_4$, 500 ccm $H_2O$. Verbraucht 3,0 ccm Säure = 30% $NH_3$.

Versuch 5: Wie vorher, mit einem größeren Alkaliüberschuß. 0,425 g $KNO_2$, 20 g $Na_2CO_3$, 9,9 g $FeSO_4$, 500 ccm $H_2O$. Verbraucht: 4,4 ccm Säure = 44% $NH_3$.

Versuch 6: Versuch 3 mit einem Alkaliüberschuß wiederholt. 0,425 g $KNO_2$, 15 g $Na_2CO_3$, 13,6 g $FeSO_4$, 500 ccm $H_2O$. Verbraucht: 4,0 ccm Säure = 40% $NH_3$.

Aus den Versuchen 4, 5 und 6 geht hervor, daß freies Alkali die Reduktion im Sinne der $NH_3$-Bildung wesentlich beeinflußt.

Die nächsten Versuche zeigen den Einfluß der Temperatur.

Versuch 7: Wie Versuch 4, das feste Ferrosulfat wird jedoch nicht von vornherein, sondern erst in die kochende Lösung von Nitrit und Soda gegeben. Verbraucht: 4,0 ccm Säure = 40% $NH_3$.

Versuch 8: Wie vorher, das Ferrosulfat jedoch nicht fest, sondern gelöst kalt zugegeben. Verbraucht: 30% ccm Säure = 30% $NH_3$.

Versuch 9: Wie vorher, das Ferrosulfat jedoch gelöst, heiß zugegeben. Verbraucht: 3,5 ccm Säure = 35% $NH_3$.

Aus den Versuchen 4, 7, 8 und 9 geht hervor, daß die Form, in der das Reduktionsmittel zugegeben wird, keine Rolle spielt, die höhere Temperatur jedoch die $NH_3$-Bildung begünstigt.

In all diesen Versuchen konnte $N_2O$ neben $N_2$ nachgewiesen werden. Im Kolbenrückstand war mit den üblichen Reagenzien kein Nitrit nachweisbar.

Es geht also aus dieser Versuchsreihe hervor, daß Nitrit von Ferrohydroxyd (aus Ferrosulfat mit Soda gefällt) in neutraler oder carbonat-alkalischer Lösung quantitativ reduziert wird, und zwar in der Hauptsache zu $NO_2$ (60%) und $N_2$ neben $NH_3$ (40%).

Je höher die Temperatur und je stärker alkalisch die Lösung ist, desto mehr wird $NH_3$ zuungunsten von $N_2O$ gebildet.

Infolge dieser festgestellten Wirkung des Alkalis würde es vielleicht möglich sein, durch Arbeiten in stärker alkalischem Medium die $NH_3$-Bildung quantitativ zu gestalten. Die nächsten Versuche wurden daher mit Alkalihydroxyd an Stelle der Soda ausgeführt.

Die Reaktion verläuft nach der Gleichung:

I) $6 FeSO_4 + 12 NaOH = 6 Fe(OH)_2 + 6 Na_2SO_4$
II) $NaNO_2 + 6 Fe(OH)_2 + 5 H_2O = NH_3 + 6 Fe(OH)_3 + NaOH$.

Um ein genaueres Arbeiten zu ermöglichen, wurde von nun ab in allen Versuchen als Substanz eine bestimmte Anzahl Kubikzentimeter, meist zwei, einer Normallösung von Natriumnitrit, enthaltend 69,1 g Natriumnitrit im Liter, verwandt. Aus dem gleichen Grunde wurde, um die Genauigkeit zu erhöhen, $1/_{10}$ n-Säure an Stelle der $1/_2$ n-Säure vorgelegt.

Versuch 10: Wie Versuch 5, jedoch mit Natriumhydroxyd an Stelle der Soda. 2,0 ccm $1/_1$ n-Natriumnitritlösung = 0,1382 g $NaNO_2$, 0,96 g NaOH, 1,84 g $FeSO_4$ (wasserfrei), 500 ccm $H_2O$ zusammengegeben, erhitzt und destilliert. 0,1382 g $NaNO_2$ ergeben bei vollständiger Reduktion 0,034 $NH_3$, entsprechend 20,0 ccm $1/_{10}$ n-Säure. Vorgelegt wurden 25 ccm $1/_{10}$ n-Säure. Verbraucht: 8 ccm = 40% $NH_3$.

Es entwickelt sich scheinbar etwas $N_2O$. Der Kolbenrückstand gibt noch eine starke Nitritreaktion.

Wie in den vorigen Versuchen wird in den nächsten Versuchen die Menge Ferrohydroxyd und die Alkalinität geändert. Die Ergebnisse dieser Versuche sind in der Tabelle I, enthalten.

## Tabelle I.
### Reduktion von Alkalinitrit durch Ferrohydroxyd.

Angewandt: je 0,1382 g $NaNO_2$ in 500 ccm $H_2O$. Diese sollen bei vollständiger Reduktion geben 0,0340 g $NH_3$.

| Versuch Nr. | $FeSO_4$ in g | NaOH in g | $Fe(OH)_2$ | Äquivalent freier NaOH | Entstandenes $NH_3$ in g | theoret. Menge in % | Bemerkung |
|---|---|---|---|---|---|---|---|
| 10 | 1,84 | 0,96 | 1 | 0 (neutr.) | 0,0136 | 40,0 | Im Rückstand $HNO_2$ und $N_2O$ gebildet. |
| 11 | 3,68 | 1,92 | 2 | 0 (neutr.) | 0,03098 | 87,0 | dgl. |
| 12 | 3,68 | 2,88 | 2 | 1 | 0,03111 | 91,5 | Im Rückstand $NO_2$, kein $HN_2O$ gebildet. |
| 13 | 3,68 | 3,84 | 2 | 2 | 0,03102 | 88,0 | dgl. |
| 14 | 3,68 | 4,80 | 2 | 3 | 0,03102 | 88,0 | dgl. |
| 15 | 3,68 | 5,76 | 2 | 4 | 0,03098 | 87,0 | dgl. |
| 16 | 3,68 | 6,72 | 2 | 5 | 0,02941 | 86,5 | dgl. |
| 17 | 3,68 | 8,64 | 2 | 7 | 0,03128 | 92,0 | dgl. |
| 18 | 5,50 | 2,88 | 3 | 0 (neutr.) | 0,03315 | 97,5 | Im Rückstand keine $HNO_2$, $N_2O$ gebildet. |
| 19 | 5,50 | 3,86 | 3 | 1 | 0,0340 | 100,0 | Im Rückstand keine $HNO_2$, kein $N_2O$ gebildet. |
| 20 | 5,50 | 20,00 | 3 | 17 | 0,0340 | 100,0 | dgl. |
| 21 | 5,50 | 33,00 | 3 | 30 | 0,0340 | 100,0 | dgl. |

Aus dieser Tabelle ist zu ersehen, daß die Menge gebildeten $NH_3$ bzw. Nitrites, welches reduziert wird, von der Menge des Reduktionsmittels abhängt. Ist dies in genügendem Überschuß da, so ist die Reduktion eine quantitative (Versuch 19). Es bildet sich in der Hauptsache $NH_3$ neben etwas $N_2O$. Enthält die Lösung freies Alkali, so wird kein $N_2O$ gebildet und bei genügendem Überschuß (dem dreifachen der berechneten Menge) an Ferrohydroxyd geht demnach die Reduktion, was bis jetzt nicht bekannt war, quantitativ bis zu $NH_3$.

Die Alkalimenge spielt hierbei keine Rolle, wie aus Versuch 2 bis 17 zu ersehen ist. Trotz wachsender Alkalinität wird ein Teil Nitrit nicht reduziert, da nicht genügend Reduktionsmittel vorhanden ist. Dies ist leicht aus der festen Form des Ferrohydroxydes erklärlich, da es in dieser Form der Nitritlösung weniger Angriffsfläche bietet, als wenn es in gelöster Form vorhanden wäre. Ein Teil des Ferrohydroxydes bleibt daher aus rein mechanischen Gründen unwirksam.

Nun mußte auch nachgeprüft werden, ob unter den gleichen Umständen unter Luftabschluß die Reduktion auch quantitativ verläuft.

Versuch 22—24: Die Versuche 19—24 werden, wie im allgemeinen Teil angegeben, unter Luftabschluß wiederholt. Das Ergebnis ist das gleiche wie das aus der Tabelle I ersichtliche; es werden genau die gleichen Werte erhalten, und das Nitrit wird stets quantitativ zu $NH_3$ reduziert. Durch eine Reihe Kontrollversuche mit wechselnden Mengen Nitrit wurde dies Ergebnis bestätigt.

### Zusammenfassung der Ergebnisse über die Nitritreduktion.

Nitrit wird von überschüssigem Ferrohydroxyd in neutraler oder alkalischer Lösung quantitativ reduziert. In kochender carbonatalkalischer Lösung bildet sich dabei in der Hauptsache $N_2O$ neben $NH_3$. In kochender kaustisch-alkalischer Lösung geht hingegen die Reduktion quantitativ bis zu $NH_3$.

### C. Reduktion der Nitrate.

Da das Endziel der Arbeit die quantitative Trennung von Nitrit und Nitrat war, wurde hier nur die Reduktion durch Ferrohydroxyd in kaustisch-alkalischer Lösung untersucht, da, wie aus dem vorigen Abschnitt hervorgeht, nur in einer solchen Lösung das Nitrit quantitativ zu $NH_3$ reduziert wird.

Nach den bisher gemachten Erfahrungen waren vor allem zwei Punkte zu untersuchen: der Einfluß des Alkalis und der Einfluß des Sauerstoffes.

#### 1. Einfluß des Alkalis.

Von der Gleichung:

I) $8\,FeSO_4 + 16\,NaOH = 8\,Fe(OH)_2 + 8\,Na_2SO_4$

II) $NaNO_3 + 8\,Fe(OH)_2 + 7\,H_2O = NH_3 + 8\,Fe(OH)_3 + NaOH$

ausgehend, werden im

Versuch 25: 2,0 ccm $^1/_1$ n-Natriumnitratlösung = 0,1702 g $NaNO_3$ 1,3 g NaOH, 2,4 g $FeSO_4$ (wasserfrei) und 500 ccm $H_2O$ zusammengegeben, erhitzt, und das gebildete $NH_3$ abdestilliert.

0,1702 g NaNO₃ geben bei vollständiger Reduktion 0,034 g NH₃, entsprechend 20,0 ccm $^1/_{10}$ n-Säure. Vorgelegt wurden 25,0 ccm $^1/_{10}$ n-Säure. Verbraucht: 12,4 ccm Säure = 62% der theoretisch sich bildenden Menge NH₃.

Das ausfallende Ferrohydroxyd verfärbt sich viel langsamer und nicht so intensiv wie bei den gleichen Versuchen mit Nitrit. Eine Gasentwicklung wurde nicht beobachtet. Im Kolbenrückstand ist mit Diphenylamin noch stark HNO₃ nachweisbar, mit Griesschem Reagens keine HNO₂. Die Reduktion verlief also nicht quantitativ. Nach den beim Nitrit gemachten Erfahrungen liegt dies wahrscheinlich an der ungenügenden Menge des Reduktionsmittels.

### Tabelle II.
Reduktion von Alkalinitrat durch Ferrohydroxyd.

Angewandt: 0,1702 NaNO₃ in 500 ccm Wasser; daraus entstehen bei vollständiger Reduktion 0,0340 g NH₃.

| Vers. Nr. | FeSO₄ in g | NaOH in g | Äquivalent Fe(OH)₂ | Äquivalent freie NaOH | Konzentration der freien NaOH in % | Entstandenes NH₃ in g | Entstandenes NH₃ der theor. Menge in % | Bemerkung |
|---|---|---|---|---|---|---|---|---|
| 25 | 2,4 | 1,3 | 1 | 0 (neutr.) | 0 (neutr.) | 0,02108 | 62 | Im Rückstand HNO₃ |
| 26 | 4,8 | 2,6 | 2 | 0 ,, | 0 ,, | 0,0340 | 100 | Im Rückstand keine HNO₃ |
| 27 | 4,8 | 3,2 | 2 | ½ | 0,12 | 0,02244 | 66 | Im Rückstand HNO₃ |
| 28 | 4,8 | 3,9 | 2 | 1 | 0,26 | 0,01309 | 38,5 | ,, ,, ,, |
| 29 | 4,8 | 5,2 | 2 | 2 | 0,52 | 0,00952 | 28 | ,, ,, ,, |
| 30 | 4,8 | 6,5 | 2 | 3 | 0,78 | 0,00544 | 16 | ,, ,, ,, |
| 31 | 4,8 | 7,8 | 2 | 4 | 1,04 | 0,00476 | 14 | ,, ,, ,, |
| 32 | 4,8 | 9,1 | 2 | 5 | 1,30 | 0,00425 | 12,5 | ,, ,, ,, |
| 33 | 4,8 | 18,0 | 2 | 11,8 | 3,08 | 0,00344 | 10 | ,, ,, ,, |
| 34 | 4,8 | 20,0 | 2 | 12 | 3,10 | 0,00323 | 9,5 | ,, ,, ,, |
| 35 | 4,8 | 23,2 | 2 | 15,8 | 4,14 | 0,00306 | 9 | ,, ,, ,, |
| 36 | 4,8 | 27,0 | 2 | 18,7 | 4,88 | 0,00289 | 8,5 | ,, ,, ,, |
| 37 | 4,8 | 35,1 | 2 | 25 | 6,50 | 0,00187 | 5,5 | ,, ,, ,, |
| 38 | 4,8 | 36,0 | 2 | 25,7 | 6,68 | 0,00153 | 4,5 | ,, ,, ,, |
| 39 | 4,8 | 38,0 | 2 | 27,2 | 7,08 | 0,00187 | 5,5 | ,, ,, ,, |
| 40 | 4,8 | 41,6 | 2 | 30,0 | 9,80 | 0,00221 | 6,5 | ,, ,, ,, |
| 41 | 4,8 | 54,0 | 2 | 39,6 | 10,30 | 0,00255 | 7,5 | ,, ,, ,, |
| 42 | 4,8 | 72,0 | 2 | 53,3 | 13,90 | 0,00381 | 11,5 | ,, ,, ,, |
| 43 | 4,8 | 90,0 | 2 | 67,2 | 15,50 | 0,00476 | 14 | ,, ,, ,, |
| 44 | 4,8 | 108,0 | 2 | 81,0 | 21,10 | 0,00986 | 29 | ,, ,, ,, |
| 45 | 4,8 | 144,0 | 2 | 108,8 | 28,30 | 0,03400 | 100 | ,, ,, keine HNO₃ |
| 46 | 4,8 | 180,0 | 2 | 136,0 | 35,50 | 0,03400 | 100 | Im Rückstand keine HNO₃ |

Es wird nun in den weiteren Versuchen die Menge Fe(OH)$_2$ und die Alkalinität gesteigert. Die Ergebnisse sind in der Tabelle II, S. 12 enthalten, und in den beiden Kurven ist die Wirkung des Alkalis verzeichnet

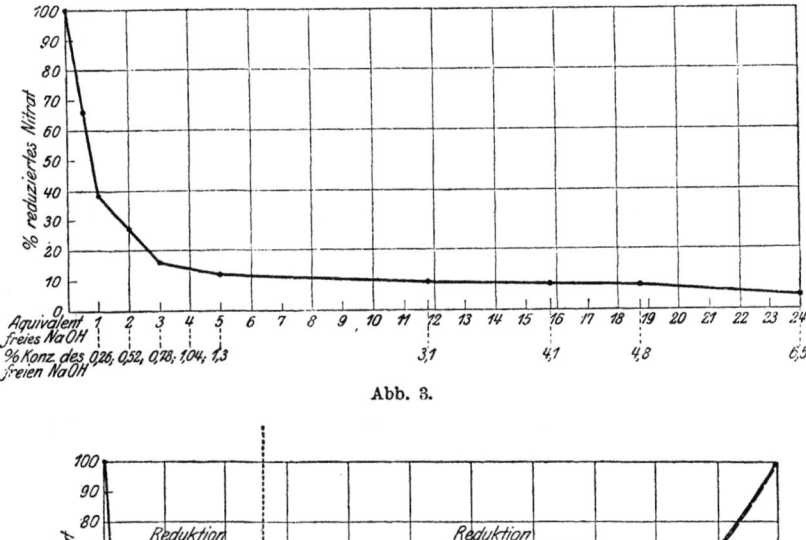

Abb. 3.

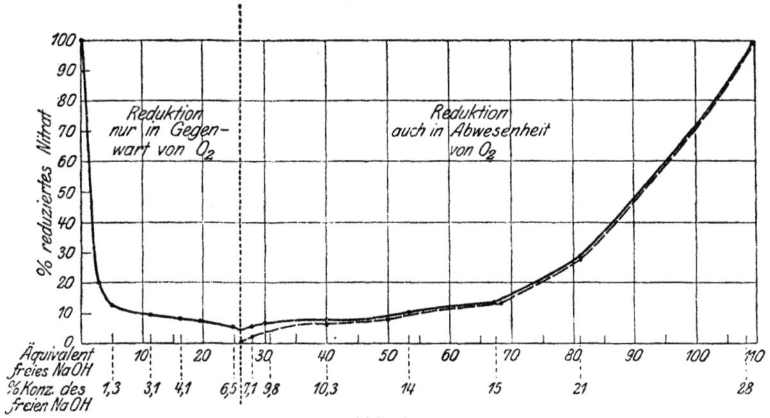

Abb. 4.

Es sei gleich hier vorausbemerkt, daß die Reihenfolge, in welcher die einzelnen Bestandteile in den Kolben gegeben werden, die Zeit, welche sie bis zum Erhitzen zusammen sind, ob der Kolben mit seinem Inhalt ruhig stehengelassen wird oder ob man ihn vorher umschüttelt, die Art des verwendeten Wassers, eine große Rolle spielt und die Ergebnisse wesentlich beeinflußt. Die Erklärung hierfür gibt der nächste Abschnitt, in welchem der Einfluß des Sauerstoffes studiert wird.

Die in der Tabelle II und in den Kurven angegebenen Werte sind daher keine absoluten Werte. Da aber stets unter den gleichen Bedingungen gearbeitet wurde, sind es gute Vergleichswerte.

Im einzelnen wurde wie folgt gearbeitet:

Es wurde die Apparatur nach Abb. 2 verwandt. In den Kolben wurden zunächst 400 ccm destilliertes Wasser gegeben, das aus einem großen Glasballon entnommen war, darin die bestimmte Menge NaOH aufgelöst, 2 ccm $^1/_1$ n-Nitratlösung hineinpipettiert, dann das in 100 ccm destilliertem Wasser aufgelöste wasserfreie Ferrosulfat hineingeschüttet, der Kolben verschlossen, einmal kräftig durchgeschüttelt und destilliert, bis ein übergehender Tropfen keine Gelbfärbung mit Neßlers Reagens gibt, bzw. wurden 150 ccm abdestilliert (s. weiter unten).

Aus der Tabelle und den Kurven ersieht man, daß das Nitrat durch überschüssiges Ferrohydroxyd in neutraler Lösung quantitativ zu $NH_3$ reduziert wird. Mit steigendem Gehalt der Lösung an freiem, also nicht durch Ferrosulfat verbrauchtem Alkali nimmt die Menge des gebildeten $NH_3$ bzw. des Nitrates, welches reduziert wird, da sich ja anscheinend keine anderen Reduktionsprodukte bilden, vollkommen gesetzmäßig ab, bis sie bei einem Alkaligehalt der Lösung von 25—27 Äquivalenten, d. h. 6,5—7% NaOH am kleinsten ist. Von da ab wird sie wieder größer und zwar vollkommen regelmäßig und bei einem Gehalt der Lösung von etwa 100 Äquivalenten, d. h. 28% NaOH und darüber ist das Nitrat wieder quantitativ zu $NH_3$ reduziert.

Wie bereits bemerkt, sind alle Werte der Versuche 27—44 nur Vergleichswerte. Bei den Versuchen 26—38 bedeuten sie die Menge $NH_3$, die bei der angegebenen Arbeitsweise erhalten wird vom Beginn der Destillation bis zum Verschwinden der Gelbfärbung mit Nesslers Reagens. Bei den Versuchen 39—46, wo $NH_3$ von Anfang an in steigendem Maße entwickelt wird, bedeuten sie die Menge $NH_3$, die mit 150 ccm Flüssigkeit in die Vorlage hinüberdestilliert. Würde man weiter destillieren, so würde, wenn die erforderliche Konzentration erreicht ist, auch das ganze Nitrat reduziert werden.

Je nachdem in den einzelnen Versuchen mehr oder weniger des vorhandenen Nitrates reduziert wird, ist auch die Verfärbung des Ferrohydroxydes verschieden. Das Ferrohydroxyd fällt zunächst weiß bis grünlich aus, je nach dem Sauerstoffgehalt der Lösung. In neutraler Lösung färbt es sich beim Erhitzen bald dunkel und beim Kochen schwarz, jedoch langsamer und weniger intensiv als bei den Versuchen mit Nitrit. Je stärker die Alkalinität, desto länger bleibt die ursprüngliche Farbe bestehen und desto weniger verfärbt es sich. Bei dem tiefsten Punkt der Kurve, also bei einem Alkaligehalt der Flüssigkeit von 6,7% bleibt es fast ganz weiß und färbt sich nur zuletzt etwas gräulich. Bei stärkeren Konzentrationen bleibt die Farbe zunächst ganz weiß, schlägt dann aber in der heißen nitrathaltigen Lösung plötzlich in grau, später in schwarz um. Je größer die Alkalinität ist, desto schneller kommt wieder Umschlag. Wie später gezeigt wird, sind diese Erscheinungen auf die Wirkung des vorhandenen in Wasser gelösten Sauerstoffes zurückzuführen, bzw. auch auf den in starkem Alkali aus dem Nitrat und Nitrit abgespaltenen.

Diese Wirkung des Alkalis läßt sich durch folgenden anschaulichen Versuch, der sich gegebenenfalls gut zum Vorlesungsversuch eignet, sehr schön zeigen.

Versuch 47: Versuch 34 wird wiederholt, jedoch ohne Vorlage. Von der übergehenden Flüssigkeit werden vom Beginn der Destillation an in bestimmten Zeitabständen 5 Tropfen aufgefangen und mit Nesslerschem Reagens geprüft. Das Ergebnis ist in der Tabelle III verzeichnet.

Die Intensität der Gelbfärbung gibt also genau das Bild der Kurve.

Tabelle III.

Wirkung der Alkalikonzentration auf die Nesslersche Reaktion.

0,1702 g $NaNO_3$, 20,0 g NaOH, 4,8 g $FeSO_4$ wasserfrei, 500 ccm $H_2O$ erhitzt und destilliert.

| Dauer des Versuches in Minuten | Kolbeninhalt in ccm | Berechnete Alkalikonz. in % | Nesslersche Reaktion |
|---|---|---|---|
| 00 | 500 | 3,5 | sehr stark, voluminöse braune Fällung |
| 10 | 450 | 3,8 | stark, braune Fällung |
| 20 | 400 | 4,3 | schwach, braune Trübung |
| 30 | 350 | 4,9 | sehr schwach, gelbe Färbung |
| 40 | 300 | 5,8 | bleibt aus, farblos |
| 50 | 250 | 6,7 | sehr schwach, gelbe Färbung |
| 60 | 200 | 8,7 | schwach, braune Trübung |
| 70 | 150 | 11,6 | stark, braune Fällung |
| 80 | 100 | 17,4 | sehr stark, volum. braune Fällg., $NH_3$-Geruch |

Dieser Versuch wird nun mit einer Alkalikonzentration wiederholt, die einem Werte in der rechten Hälfte der Kurve entspricht.

Versuch 48: Wie Versuch 47, jedoch mit 54 g NaOH, gleich 10% freies Alkali.

Die Erscheinungen sind die gleichen wie bei Versuch 47. Die anfänglich starke Gelbfärbung mit Nesslers Reagens nimmt schnell ab, verschwindet jedoch nie ganz, und nimmt dann wieder bis zur ursprünglichen Stärke zu.

Auch bei stärkeren Alkalikonzentrationen ist das Bild das gleiche: Im Anfang intensive Gelbfärbung, dann Abnehmen derselben und wieder Zunehmen bis zur ursprünglichen Stärke. Je größer die Alkalikonzentration, desto schneller wird der schwächste Punkt erreicht. Für Demonstrationszwecke eignet sich daher ein Versuch mit stärkerer Alkalikonzentration der Zeitersparnis wegen besser.

Nach der Kurve dürfte bei starken Alkalikonzentrationen die Intensität der Reaktion nicht abnehmen, sondern müßte, entsprechend der gesteigerten Reduktion, zunehmen; dieser Versuch läßt daher vermuten, daß außer der Alkalikonzentration noch ein anderer Faktor auf die Reduktion der Nitrate einwirken muß.

Dieser Faktor ist der Sauerstoff, wie aus den weiteren Versuchen hervorgeht.

### 2. Einfluß des Sauerstoffes.

Die anfänglich ausgesprochene Vermutung, daß Nitrat in Abwesenheit von Sauerstoff nicht reduziert wird, konnte nach den letzten Versuchen nicht mehr in dieser absoluten Form aufrecht erhalten werden.

Aus Versuch 47 war hervorgegangen, daß, nachdem ein gewisser Teil Nitrat reduziert war, die Reduktion zunächst aufhörte. Wenn angenommen wird, daß Sauerstoff für die Reduktion erforderlich ist, so könnte diese Erscheinung mit dem Verbrauch des vorhandenen Sauerstoffes erklärt werden. Nun setzt aber bei weiterem Kochen, obwohl durch das lange Kochen der Apparat sicher luftfrei ist und von außen keine Luft eindringen kann, bei einem gewissen Gehalt der Flüssigkeit an Alkalihydroxyd die Reaktion wieder ein.

Es war daher anzunehmen, daß die von Baudisch beobachtete Erscheinung (keine Reduktion des Nitrates in Abwesenheit von Sauerstoff) nur in gewissen Grenzen stattfindet, und daß sie mit der Alkalinität der Lösung zusammenhängt.

Die Vermutung lag nahe, daß die Einwirkung des Sauerstoffes wahrscheinlich nur bis zur Alkalikonzentration von 6,7% NaOH (tiefster Punkt der Kurve) stattfindet.

Um dies aufzuklären, wurden die Versuche 26—46 wiederholt, jedoch in Abwesenheit von Luft. Sonst waren die Bedingungen und die Arbeitsweise genau die gleichen. Es wurden stets 150 ccm Flüssigkeit abdestilliert, da erfahrungsgrmäß darin bei den angewandten Mengen Nitrat das ganze gebildete $NH_3$ enthalten ist.

Tabelle IV enthält die Ergebnisse. In der letzten Rubrik sind die Werte aus der Tabelle III diesen gegenübergestellt.

## Tabelle IV.

Reduktion der Alkalinitrate durch Ferrohydroxyd in Gegenwart und in Abwesenheit von Sauerstoff.

0,1702 g $NaNO_3$, 4,8 g $FeSO_4$, 500 ccm $H_2O$ erhitzt und destilliert.

| Versuch Nr. | NaOH in g | Äquivalent | | Vom angewandten Nitrat wurden reduziert | |
|---|---|---|---|---|---|
| | | freier | NaOH in % | mit Sauerstoff in % | ohne Sauerstoff in % |
| 49 | 2,6 | 0 (neutr.) | 0 | 100 | 0 |
| 50 | 4,0 | 1 | 0,28 | 38,5 | 0 |
| 51 | 9,1 | 5 | 1,38 | 12,5 | 0 |
| 52 | 20,0 | 12 | 3,1 | 9,5 | 0 |
| 53 | 27,0 | 18,7 | 4,9 | 8,5 | 2 [1] |
| 54 | 35,1 | 25 | 6,5 | 5,5 | 5,5 [1] |
| 55 | 90,0 | 67,2 | 15,5 | 14,0 | 74 [1] |
| 56 | 144,0 | 108,0 | 28,3 | 100,0 | 100,0 [1] |

Die Versuche bestätigen also vollkommen die ausgesprochene Vermutung: Der Einfluß des Sauerstoffes macht sich nur bis zu einer gewissen Alkalikonzentration (6,5% NaOH) geltend, deren Wert dem tiefsten Punkt der Kurve S. 13 entspricht.

Bei Versuch 52 ist die Konzentration des Alkalis zu Anfang des Versuches: $\dfrac{20-2,6}{500} = 3,1\%$.

20 = angewandte Menge NaOH,
2,6 = durch $FeSO_4$ gebundenes NaOH,
500 = Menge Wasser.

Nach Abdestillieren von 150 ccm Flüssigkeit ist die Konzentration des Alkalis: $\dfrac{20-2,6}{350} = 4,9\%$.

[1] Nach Abdest. von 150 ccm.

Der tiefste Punkt der Kurve ist noch nicht erreicht. Da kein Sauerstoff vorhanden ist, wird Nitrat nicht reduziert.

Bei Versuch 53 ist die Konzentration des Alkalis zu Anfang des Versuches: $\frac{27-2,6}{500} = 4,9\%$.

Nach Abdestillieren von 150 ccm Flüssigkeit ist die Konzentration des Alkalis: $\frac{27-2,6}{350} = 6,9\%$.

Der tiefste Punkt der Kurve ist erreicht und überschritten: Es wird auch in Abwesenheit von Sauerstoff Nitrat reduziert, und zwar bei dieser Endkonzentration 2% des vorhandenen Nitrates. Entsprechend der Endkonzentration sind auch die in den Versuchen 53—56 erhaltenen Werte.

Die für diese Werte gezeichnete Kurve beginnt also bei einem Alkaligehalt der Flüssigkeit von 6,5% mit 0% Reduktion vom vorhandenen Nitrat, erreicht dann bald die erste Kurve (Reduktion in Gegenwart von Luft) und läuft dann mit dieser zusammen.

Zur Reduktion von Alkalinitrat ist also Sauerstoff erforderlich, sofern der Alkaligehalt der Flüssigkeit 6,5% NaOH nicht übersteigt. In auffälliger Weise zeigt dies Versuch 49, bei welchem in Gegenwart von Sauerstoff das Nitrat quantitativ bei Abwesenheit von Sauerstoff überhaupt nicht reduziert wird.

Hiermit ist auch Versuch 47 und 48 erklärt: Bei Versuch 47 entsteht infolge der Abwesenheit von Sauerstoff zunächst eine starke Reduktion und $NH_3$-Bildung, was durch die starke Gelbfärbung mit Nesslerschem Reagens angezeigt wird. Der Sauerstoff wird aufgebraucht bzw. durch das Kochen vertrieben, parallel damit geht die Abnahme der Menge Nitrat, welche reduziert wird mit zunächst zunehmender Alkalikonzentration, Schwächerwerden der Gelbfärbung. — Der Sauerstoff ist ganz vertrieben: Verschwinden der Gelbfärbung. Diese bleibt solange verschwunden, bis die Alkalikonzentration der Flüssigkeit 6,5% erreicht hat, dann beginnt die Einwirkung des Alkalis: Wiederauftreten und Zunehmen der Gelbfärbung.

Bei Versuch 48 überwiegt zunächst die Wirkung des Sauerstoffs: starke Gelbfärbung. — Der Sauerstoff wird bald aufgebraucht bzw. durch das Kochen vertrieben: Schwächerwerden der Gelbfärbung. Sie verschwindet jedoch nie ganz, da die Konzentration der Lauge bereits 6,5% überschritten hat und die Lauge also von Anfang an neben dem Sauerstoff auf die Reduktion einwirkt. — Mit zunehmender Konzentration der Lauge nimmt die Gelbfärbung wieder zu.

Je größer die Anfangskonzentration der Lauge ist, desto mehr überwiegt deren Einfluß: schnelleres und weniger starkes Abnehmen und schnelleres Wiederzunehmen der Gelbfärbung.

Auch bei diesen Versuchen ist wieder die Verfärbung des Ferrohydroxydes ein Maßstab für die Reduktion des Nitrates. In den Versuchen, wo kein Nitrat reduziert wird, bleibt das Ferrohydroxyd vollkommen weiß.

Es mußte nun noch untersucht werden, ob die Wirkung des Sauerstoffes nur von seiner Anwesenheit abhängt, also gewissermaßen eine katalytische Reaktion vorliegt, oder ob unter den gleichen Bedingungen die Menge Nitrates, welches reduziert wird, auch von der Menge vorhandenen Sauerstoffes abhängt.

Versuch 57: Versuch 35, bei welchem 10% des vorhandenen Nitrates reduziert werden waren, wird wiederholt, und es wird während des Destillierens Sauerstoff durchgeleitet.

Erhalten: 10% des vorhandenen Nitrates reduziert.

Dies war zunächst unerwartet, da doch anzunehmen war, daß in diesem Fall bedeutend mehr Nitrat reduziert wird.

Verschiedene Beobachtungen deuteten jedoch daraufhin, daß nur der in der Flüssigkeit vorhandene gelöste Sauerstoff wirksam ist.

Es wurde nun verschieden sauerstoffhaltiges Wasser bzw. sauerstoffhaltige Lauge hergestellt, und damit 2 Serien Versuche mit zwei verschiedenen Alkalikonzentrationen ausgeführt.

Die Ergebnisse sind in Tabelle V, S. 20 enthalten.

Die Ergebnisse dieser Versuche sind in verschiedener Hinsicht wichtig. Sie tragen vor allem zur theoretischen Aufklärung dieser Erscheinungen wesentlich bei.

Zunächst zeigt die Tabelle V einwandfrei, daß die Menge des vorhandenen Nitrates, welches reduziert wird, proportional der Menge gelösten Sauerstoffes ist. Bei der Versuchsreihe b

## Tabelle V.

Einfluß der Menge gelösten Sauerstoffes auf die Menge bei der Nitratreduktion entstehenden $NH_3$.

Reihe a) 0,1702 g $NaNO_3$, 3,9 g $NaOH$, 4,8 g $FeSO_4$ wasserfrei, 500 ccm $H_2O$ (1 Äqu. NaOH); Reihe b) 0,1702 g $NaNO_3$, 18,0 g NaOH, 4,8 g $FeSO_4$ wasserfrei, 500 ccm $H_2O$ (12 Äqu. NaOH).

| Versuchsbedingung | Versuch Nr. | a Entstandenes $NH_3$ | | Versuch Nr. | b Entstandenes $NH_3$ | | Bemerkungen |
|---|---|---|---|---|---|---|---|
| | | in g | theoret. Menge in % | | in g | theoret. Menge in % | |
| In sauerstoffreiem Wasser | 50 | 0 | 0 | 52 | 0 | 0 | Siehe Tabelle IV. |
| In ungenügend ausgekocht. Wasser | 58 | 0,0046 | 13,5 | 65 | 0,0024 | 7,0 | Ca. 5 Minuten ausgekocht u. dann erkalten gelassen. |
| Mit gewöhnlichem destillert. Wasser. | 59 | 0,0085 | 25,0 | 66 | 0,0034 | 10,0 | Siehe Tabelle II. |
| In dieses Wasser vorher $1/2$ Stunde $O_2$ eingeleit., dann damit den Versuch ausgeführt | 60 | 0,0090 | 26,5 | 67 | 0,0039 | 11,6 | Da d. Wasser mit Luft gesättigt ist, nimmt es wenig $O_2$ auf. |
| In die Lösung von NaOH in 500 ccm $H_2O$ $1/2$ Stunde $O_2$ eingeleitet, dann damit den Versuch ausgeführt | 61 | 0,0109 | 32,0 | 68 | 0,0048 | 14,0 | In Lauge ist $O_2$ leichter löslich wie in Wasser. |
| Wie Vers. 60. — Das $H_2O$ wird vor dem $O_2$-Einleit. durch Kochen luftfrei gemacht | 62 | 0,0116 | 34,0 | 69 | 0,0051 | 15,0 | Das luftfreie $H_2O$ absorbiert entsprech. mehr $O_2$. |
| Wie vor., jedoch mit der Lösung des NaOH in $H_2O$ | 63 | 0,0133 | 39,0 | 70 | 0,0056 | 16,0 | Die luftfr. Lauge absorb. entspr. mehr $O_2$ |
| In das Gemisch von $NaNO_3$, NaOH, $FeSO_4$, $H_2O$, in der Kälte $1/2$ St. $O_2$ eingeleit., dann erst erhitzt und destilliert | 64 | 0,0231 | 68,0 | 71 | 0,005 | 16,5 | Bei 68 wird d. Gemisch während des $O_2$-Einleitens schwarz. Bei 71 ändert d. $Fe(OH)_2$ die Farbe nicht. |

sind die erhaltenen Werte entsprechend der Wirkung des stärkeren Alkalis kleiner als in der Versuchsreihe a, doch steigen sie auch hier mit der Menge gelösten Sauerstoffes, wenn auch weniger schnell.

Diese Proportionalität mit der Menge gelösten Sauerstoffes wird auch durch folgende Überlegung und durch folgenden Versuch klar bewiesen: Bei Versuch 33, Tabelle II, S. 12, wurde bei Anwendung von 0,1702 g $KNO_3$, 18 g NaOH, 4,8 g $FeSO_4$ wasserfrei, und 500 ccm Wasser 10% des vorhandenen Nitrates reduziert.

Ist obige Annahme richtig, so muß mit der halben Menge Wasser bei sonst proportional gleichbleibenden Bedingungen auch proportional nur die halbe Menge Nitrat reduziert werden.

Versuch 57: 0,0851 g $NaNO_3$, 9 g NaOH, 2,4 g $FeSO_4$, 250 ccm $H_2O$ erhitzt und destilliert.

Verbraucht: 0,5 ccm Säure = 5% des vorhandenen Nitrates reduziert.
Die obige Annahme ist somit bestätigt.

Zur Tabelle V, S. 20 zurückkehrend, fällt hier am meisten das proportional viel stärkere Ansteigen der Menge Nitrates, welches reduziert wird, mit dem Sauerstoffgehalt in der Reihe a (schwach alkalisch) wie in der Reihe b (stark alkalisch) auf. Besonders auffallend ist dies bei den Versuchen 64 und 71, wo durch das Einleiten des Sauerstoffes in das ganze Reaktionsgemisch die Menge Nitrates, welches reduziert wird, in der schwach alkalischen Lösung sprunghaft von 39% auf 68% der vorhandenen Nitratmenge schnellt, während sie in der stark alkalischen Lösung kaum merklich gesteigert wird.

Diese Tatsache bildet einen wesentlichen Stützpunkt, der theoretischen Erklärung dieser Reduktionsvorgänge (siehe Theoretischer Teil).

Bei Versuch 64 ist scheinbar der eingeleitete Sauerstoff vom Ferrohydroxyd aufgenommen worden, was schon aus der Verfärbung des Ferrohydroxydes vermutet werden kann. Wahrscheinlich bildet sich dabei eine Ferro-Ferriverbindung. In stark alkalischer Lösung nimmt nach Versuch 71 das Ferrohydroxyd scheinbar keinen Sauerstoff mehr auf.

Um diese Annahme nachzuprüfen, wurde folgender Versuch ausgeführt:

Versuch 73. Je eine bestimmte Menge $FeSO_4$, in je einer bestimmten Menge Wasser in zwei gleichen Kolben gelöst, wird einmal durch schwache Lauge und einmal durch starke Lauge gefällt. Beide Kolben werden die gleiche Zeit mit Luft geschüttelt. In der schwachen Lauge hat sich Ferrohydroxyd stark dunkel gefärbt, in der starken Lauge hat es seine ursprüngliche weißgrünliche Farbe behalten.

Dies würde die obige Annahme bestätigen.

Nach Versuch 64 ist anscheinend der durch das Ferrohydroxyd absorbierte Sauerstoff der bei der Reduktion wirksame Bestandteil; auch war es aufgefallen, daß bei der öfteren Wiederholung der Versuche 26—46 trotz anscheinend vollkommen gleichem Arbeiten verschiedene Mengen des vorhandenen Nitrates reduziert wurden. Alle hielten sich aber um zwei voneinander abweichende Werte herum. So z. B. bei Versuch 28 Werte um 25% der vorhandenen Nitratmenge einerseits und 14% andererseits. Da stets das aus dem gleichen verschlossenen Gefäß entnommene Wasser gebraucht wurde, konnten diese großen Abweichungen nicht mit dem verschiedenen Sauerstoffgehalt des Wassers erklärt werden. Bereits gemachte Beobachtungen ließen darauf schließen, daß die Reihenfolge, in welcher das Nitrat und das Reduktionsmittel in den Kolben gegeben werden, eine Rolle spielt. Die Versuche 74—79, Tabelle VI beweisen diese Annahme.

## Tabelle VI.

Wirkung der Arbeitsweise auf die Reduktion der Alkalinitrate.

0,1702 g $NaNO_3$, 3,9 g NaOH, 4,8 g $FeSO_4$, 500 ccm $H_2O$, erhitzt und destilliert.

| Versuch Nr. | Arbeitsweise | Vom vorhandenen Nitrat reduziert % |
|---|---|---|
| 74 | 3,9 g NaOH in 400 ccm Wasser gelöst, 2 ccm Nitratlösung hineinpipettiert, dann 4,8 g $FeSO_4$ in 100 ccm Waser gelöst zugegeben, einmal umgeschwenkt sofort erhitzt. | 25,0 |
| 75 | Wie vor, vor dem Erhitzen 15 Minuten stehen gelassen. | 25,5 |
| 76 | 3,9 g NaOH in 400 ccm Wasser gelöst, 4,8 g $FeSO_4$ in 100 ccm Wasser gelöst zugegeben, einmal durchgeschüttelt, dann 2 ccm Nitratlösung hineinpipettiert und erhitzt. | 13,5 |
| 77 | Wie vor, zwischen Hineingabe von $FeSO_4$ und $NaON_3$ 15 Minuten stehen gelassen. | 13,0 |
| | Mit 0,1702 g $NaNO_3$, 1,8 g NaOH, 4,8 $FeSO_4$, 500 ccm $H_2O$. | |
| 78 | Wie Versuch 74. | 7,0 |
| 79 | Wie Versuch 76. | 4,0 |

Um dies weiter zu verfolgen, wurden noch folgende 2 Versuche ausgeführt:

Versuch 80. Gewöhnliches destilliertes Wasser wurde durch halbstündiges Einleiten von Sauerstoff mit solchem gesättigt und damit Versuch 76 unter vollkommen gleichen Bedingungen (Zeit, Flammenstärke) wiederholt.

Nach Hineingabe des Ferrosulfates wird der Kolben kräftig durchgeschüttelt. Das Ferrohydroxyd färbt sich dunkelgrün. Dann wird das Nitrat zugegeben und erhitzt. Erhalten: 26% des vorhandenen Nitrates reduziert (vgl. Versuch 64).

Versuch 81. Wie vorher, das Ferrosulfat wird jedoch ruhig in den Kolben fließen gelassen und der Kolben nicht umgeschüttelt. Das am Boden des Kolbens liegende Ferrohydroxyd färbt sich dunkelgrün, während aufsteigende rotbraune Wolken von Ferrohydroxyd zeigen, daß ein Teil des im Wasser gelösten Sauerstoffes zur Oxydation des Ferrohydroxydes verbraucht worden und daher für die Reduktion des Nitrates unwirksam ist.

Erhalten: 5,6% des vorhandenen Nitrates reduziert.

Diese ganzen Versuche, die für die später folgenden theoretischen Erklärungen besonders wichtig sind, zeigen also folgendes:

1. Nur der vom Ferrohydroxyd absorbierte Sauerstoff wirkt auf die Reduktion ein (s. Versuch 64, 80 und 81). Bei diesem letzteren Versuch, wo das Ferrohydroxyd wenig Gelegenheit hatte, den Sauerstoff zu absorbieren, ist wenig Nitrat reduziert im Gegensatz zu den zwei anderen Versuchen.

2. Geht die Absorption des Sauerstoffes durch das Ferrohydroxyd in Gegenwart von Nitrat vor sich, so wird ungefähr doppelt soviel Nitrat reduziert, als wenn dies letztere erst nach erfolgter Absorption zugegeben wird (s. Versuche 74, 75, 78 und 76, 77, 79).

Reduzierend wirkt demnach höchstwahrscheinlich das durch die Absorption oder besser nach Werner gesagt durch koordinative Bindung des Sauerstoffes für Alkalinitrat reaktionsfähig gewordene Eisenatom (s. theoretischer Teil).

Auf Grund dieser Versuche ergibt sich logischerweise, daß die Reduktion der Nitrate, wenigstens bis zu einer gewisse Reduktionsstufe, sofort und in der Kälte stattfindet.

In der Tat ist bei allen diesen Versuchen sofort nach der Fällung des Ferrohydroxydes Nitrit nachweisbar und der Nachweis von $NH_3$ gelingt schon nach kurzer Zeit beim Stehenlassen des Reaktionsgemisches bei Zimmertemperatur.

Es war von Interesse, nun auch die Veränderungen des ausgefällten Ferrohydroxydes bei der Reduktion näher zu untersuchen.

### 3. Einfluß des Ferrohydroxydes.

Nach dem bisher Gefundenen geht die Verfärbung des je nach dem Sauerstoffgehalt der Lösung weiß bis grünlich ausfallenden Ferrohydroxydes parallel mit der Menge des Nitrates, welche reduziert wird. Je größer die Menge, desto dunkler die Verfärbung, die bis zum tiefen Schwarz gehen kann.

Die schwarze Farbe zeigt bekanntlich auf die Bildung von Ferro-Ferriverbindungen hin. Hier bildet sich in der kochenden Lösung wahrscheinlich Ferro-Ferrit.

Diese gebildete Ferro-Ferriverbindung reduziert kein Nitrat mehr, wie folgender Versuch zeigt:

Versuch 83. Versuch 33 (Tabelle II) wird wiederholt und es werden wiederum 10% des vorhandenen Nitrates reduziert. Nachdem das schwarze Reaktionsgemisch erkaltet ist und der Kolben wieder auf 500 ccm aufgefüllt ist, wird $1/4$ Stunde lang Sauerstoff eingeleitet, dann erneut destilliert.

Verbraucht 0 ccm Säure = kein Nitrat reduziert. Nach dem Erkalten und Auffüllen werden 4,8 g Ferrosulfat wasserfrei, frisch hinzugegeben und destilliert.

Verbraucht: 2 ccm Säure = 10% des vorhandenen Nitrats reduziert.

Nach dem Erkalten und Auffüllen wird nun 1 ccm n-Nitritlösung = 0,0691 g $NaNO_2$ hinzugegeben und destilliert.

Verbraucht: 10 ccm Säure = 100% des vorhandenen Nitrates reduziert.

Die beim Kochen gebildete Ferro-Ferriverbindung reduziert also kein Nitrat mehr, wohl aber Nitrit.

Um nachzuprüfen, ob diese Reduktion auch in Gegenwart von Mangan verläuft, wurde folgender Versuch ausgeführt:

Versuch 84. 0,1702 g $NaNO_3$, 6 g NaOH, 5,5 g $MnSO_4$, 500 ccm $H_2O$ werden zusammengegeben. Es entsteht ein hellbrauner Niederschlag. Sauerstoff wird eingeleitet. Der Niederschlag färbt sich dunkelbraun. Dann wird erhitzt und destilliert.

Es bildet sich kein $NH_3$. Im Rückstand ist kein Nitrit nachweisbar. Das Nitrat ist also nicht im Geringsten reduziert worden.

## Zusammenfassung der Ergebnisse über die Nitratreduktion.

1. Alkalinitrat wird in neutraler und stark alkalischer Lösung (28% NaOH) quantitativ von Ferrohydroxyd zu $NH_3$ reduziert.

2. Von der neutralen Lösung ausgehend, nimmt die Menge Nitrat, welche reduziert wird, mit steigendem Alkaligehalt der Lösung ab, bis sie bei einem Alkaligehalt von 6,5% NaOH am kleinsten ist. Von da ab nimmt sie wieder zu, um bei einer Alkalikonzentration der Flüssigkeit von 28% NaOH wieder ihr Maximum zu erreichen (vollständige Reduktion).

3. Bis zu einer Alkalikonzentration der Flüssigkeit von 6,5% NaOH findet die Reduktion nur in Gegenwart von Sauerstoff statt, bei höheren Konzentrationen auch in Abwesenheit von Sauerstoff.

4. Bis zu einer Alkalikonzentration der Flüssigkeit von 6,5% NaOH ist die Menge Nitrates, welche reduziert wird, proportional der Menge vorhandenen, gelösten und vom Ferrohydroxyd absorbierten bzw. koordinativ gebundenen Sauerstoffes.

### D. Quantitative Bestimmung von Nitrit und Nitrat und Trennung von Nitrat-Nitrit-Gemischen.

#### 1. Bestimmung von Nitrit in Abwesenheit von Nitrat.

Nach Abschnitt II A dieser Arbeit wird Nitrit durch überschüssiges Ferrohydroxyd (dreifaches der berechneten Menge) in alkalischer Lösung quantitativ zu $NH_3$ reduziert und kann also in Abwesenheit von Nitrat nach diesem Prinzip als solches bestimmt werden.

Die Vorschrift hierzu lautet:

0,1—0,3 g Nitrit und 15 g NaOH werden in einem etwa 750—1000 ccm fassenden Kolben in 500 ccm destilliertem Wasser gelöst, und je nach der angewandten Nitritmenge 5—15 g wasserfreies oder 10—30 g kristallisiertes Ferrosulfat in wenig Wasser gelöst zugegeben. In den Kolben werden noch etwa 10 Stück fingernagelgroße poröse Tonscherben geworfen. Der Kolben wird verschlossen, zum Sieden erhitzt, das sich bildende $NH_3$ wie bei Ammoniakbestimmungen überdestilliert und in überschüssiger $^1/_{10}$ n-Säure aufgefangen.

Das erste Aufkochen muß tunlichst abgewartet werden wegen des manchmal auftretenden Schäumens.

Die Destillation wird solange fortgesetzt, bis ein überdestillierender Tropfen keine Gelbfärbung mit Nesslers Reagens mehr gibt, was durchschnittlich nach Abdestillieren von etwa 150 ccm Flüssigkeit der Fall ist. Die Vorlage wird dann weggenommen und die Säure mit Lauge und Methylorange zurücktitriert.

Ein Molekül Nitrit gibt ein Molekül $NH_3$.

Ein ccm $^1/_{10}$ n-Säure = 0,00851 g $KNO_2$ oder 0,00691 g $NaNO_2$. Die Ergebnisse sind sehr genau. Belege hierfür siehe die bisherigen Versuche und Tabelle VII, Seite 66.

In Gegenwart von Nitrat ist diese Arbeitsweise nicht verwendbar, da dieses ebenfalls reduziert wird.

## 2. Bestimmung von Nitrat in Abwesenheit von Nitrit.

Nach Abschnitt IIc dieser Arbeit gibt es hierfür zwei Möglichkeiten: Arbeiten in streng neutraler oder in stark alkalischer Lösung.

Die erstere Methode ist praktisch kaum durchführbar, da es sehr schwer ist, auch bei genauester Wägung des Ferrosulfates und des Natriumhydroxydes genau neutrale Lösungen zu bekommen. Jede Spur Alkali beeinflußt aber sofort die Reduktion.

Nach der zweiten Methode fallen diese Schwierigkeiten weg, da es hier auf die genaue Alkalikonzentration, sofern diese hoch genug ist — und dies wird durch mehr oder minder längeres Eindampfen stets erreicht —, nicht ankommt.

Je höher die anfängliche Alkalikonzentration genommen wird, desto schneller ist die Bestimmung beendet. Das Ende der Reaktion muß stets durch Auffangen einiger Tropfen der überdestillierenden Flüssigkeit und Prüfen derselben mit Nesslers Reagens festgestellt werden, da dieser Zeitpunkt sehr von der gewählten Alkalikonzentration abhängt. Das Abdestillieren einer gewissen Flüssigkeitsmenge ist keine absolute Gewähr für die Beendigung der Reaktion. Durchschnittlich ist das gebildete $NH_3$ mit 200 ccm Flüssigkeit abdestilliert.

Die Vorschrift zu einer solchen Bestimmung lautet wie folgt: Die Arbeitsweise ist wie beim Nitrit. An Stelle des Wassers wird jedoch etwa 30 proz. Natronlauge genommen (z. B. die für Stickstoffbestimmungen handelsübliche reine 30 proz. Lauge).

Ein Molekül Nitrat gibt ein Molekül $NH_3$.

1 ccm $^1/_{10}$ n-Säure = 0,00101 g $KNO_3$ oder 0,00851 g $NaNO_3$. Auch hier sind die Ergebnisse sehr genau. Belege hierfür siehe die bisherigen Versuche und die Tabelle VII, Seite 30.

Diese zwei angegebenen Methoden zur Bestimmung von Nitrit und von Nitrat sind mehr der Vollständigkeit halber wiedergegeben, da sie gegenüber den bisher üblichen Methoden einige Nachteile haben.

Für die Bestimmung von Nitrit dürfte diese Methode einer der bekannten Titrationsmethoden nur dann vorzuziehen sein, wenn aus bestimmten Gründen eine Titration nicht ausführbar ist. Eine solche geht natürlich bedeutend schneller als eine Ammoniakdestillation, wie sie hier erforderlich ist. Allerdings waren bei verschiedenen Bestimmungen mit gleichen Substanzmengen die erhaltenen Resultate im allgemeinen weniger voneinander abweichend als bei den Titrationsmethoden.

Bei der Bestimmung von Nitrat ist diese Methode in bezug auf Ausführungszeit und Genauigkeit den anderen bekannten Methoden gleichwertig, erfordert aber ziemlich viel Alkalihydroxyd (etwa 100—150 g für jede Bestimmung). Sie dürfte daher nur dann am Platze sein, wenn kein anderes Reduktionsmittel (Ferrum reductum, Devardasche Legierung usw.) vorhanden ist.

Die eigentliche Verwendbarkeit der in dieser Arbeit gefundenen Tatsachen zeigt sich bei der Trennung von Nitrit-Nitratgemischen.

### 3. Trennung und Bestimmung von Nitrit und Nitrat in Gemischen beider Körper.

Nach dem bisher Gefundenen war eine quantitative Trennung des Nitrits vom Nitrat zu erwarten, wenn das Gemisch von Nitrit und Nitrat zunächst in Abwesenheit von Luft und bei einem Alkaligehalt der Flüssigkeit, der 6,5% NaOH bis zum Ende der Reaktion nicht übersteigt, durch überschüssiges Ferrohydroxyd reduziert wird. Dabei dürfte nur das Nitrit quantitativ zu $NH_3$ reduziert werden und als solches bestimmt werden können, während das Nitrat als solches quantitativ zurückbleibt und dann wie unter 2 oder nach einer sonstigen Methode bestimmt werden kann.

Es war aber auch denkbar, daß z. B. bei dieser Arbeitsweise der aus dem Nitrit abgespaltene Sauerstoff in die Reaktion eingreift und das Nitrat dann ebenfalls reduziert wird.

In der Tat waren die für das Nitrit erhaltenen Werte im Anfang stets etwas zu hoch und für das Nitrat entsprechend zu niedrig. Dies war jedoch, wie sich dann zeigte, stets auf noch vorhandenen Sauerstoff zurückzuführen. Nachdem durch viele Versuche der Weg gefunden worden war, um vollkommen sauerstoffrei zu arbeiten und der im allgemeinen Teil geschilderte Apparat ausgedacht war, gelang es, die Trennung mit vollkommener Genauigkeit durchzuführen.

Die für diese Trennung zweckmäßigste Alkalikonzentration ergibt sich aus der Betrachtung der Kurve.

Für die Bestimmung des Nitrits allein spielt diese Konzentration keine Rolle, da Nitrit in jeder kaustisch-alkalischen

Lösung quantitativ zu $NH_3$ reduziert wird. Mit Rücksicht auf das Nitrat sollte man diese Konzentration aber möglichst nahe an 6,5% wählen, eine Zahl, die sie aber nicht überschreiten darf. Unter diesen Umständen wird, auch falls noch Sauerstoff vorhanden sein sollte, am wenigsten Nitrit reduziert, der Fehler also am kleinsten. Um die maximale Konzentration von 6,5% ja nicht zu überschreiten, wählt man jedoch praktisch eine etwas niedrigere Konzentration, die sich vom Anfang bis zum Ende der Trennung zwischen 3,5 und 5% bewegt.

Nachdem nun nach diesem Prinzip das Nitrit vom Nitrat getrennt und bestimmt worden ist, fragt es sich, wie nun das Nitrat am zweckmäßigsten im (alkalischen) Rückstand bestimmt wird.

Es gibt dafür verschiedene Wege:

a) Nach dem unter 2 angegebenen kann, nachdem frisches Ferrosulfat hinzugefügt worden ist (das vorhandene $Fe(OH)_2$ ist durch die Nitritreduktion unwirksam geworden) das Gemisch neutralisiert werden und durch erneute Destillation das Nitrat bestimmt werden. Die genaue Neutralisation ist aber wie schon erwähnt schwierig.

b) Der Rückstand, dessen Alkaligehalt etwa 5% beträgt, wird auf 30% Alkaligehalt konzentriert, sei es durch Eindampfen — dies würde zu lange dauern und zu wenig Flüssigkeit übrigbleiben — oder durch Hinzufügen von festem Alkali. Dies letztere ist der praktischste Weg.

c) Schließlich läßt sich das Nitrat noch nach einer der üblichen Reduktionsmethoden in alkalischer Lösung mittelst Zink und Eisen, Aluminium, Devardascher Legierung usw. bestimmen. Diese letztere Methode (mit Devardascher Legierung) wurde ebenfalls ausprobiert und gab gute wenn auch weniger übereinstimmende Resultate als bei der Reduktion mit Ferrohydroxyd. Außerdem ist das dabei auftretende starke Schäumen lästig.

Aus diesen Überlegungen ergibt sich nun folgende Vorschrift:

1. Apparatur: Wie auf Seite 6 beschrieben. (Abb. 2).
2. Substanz: Bei der Analyse von Nitriten oder von Nitraten stellt man sich eine Normallösung dieser Körper in frisch ausgekochtem destillierten Wasser her (6,91 g $NaNO_2$, 8,51 g $KNO_2$, 8,51 g $NaNO_3$, 10,12 g $KNO_3$ in 100 ccm Lösung). Bei der Analyse von Nitrat-Nitrit-Gemischen von unbekannter Zusammensetzung stellt man sich eine Lösung her, die etwa 0,1 g Substanz im Kubikzentimeter enthält

3. Gang der Analyse: 20 g festes stickstofffreies Natriumhydroxyd werden im Kolben A in etwa 800 ccm destilliertem Wasser gelöst und dazu eine Lösung von 8 g wasserfreiem bzw. 15 g kristallisiertem $FeSO_4$ in 100 ccm $H_2O$ und 10 Stück fingernagelgroße Tonscherben zugegeben.

Man verschließt den Kolben mit dem Aufsatz und verbindet mit dem Kühler (einstweilen ohne die Vorlage einzuschalten), nachdem man vorher mit einer genauen Pipette 2 ccm Substanz in das Gläschen hineingebracht und dieses in den Ring eingesetzt oder an den Glasstab entsprechend befestigt hat. Der Glasstab ist soweit hochgezogen, daß nichts in das Gläschen hineinkochen kann und außerdem so gedreht, daß aus dem Aufsatz von oben nichts hineintropft.

Man kocht nun das Ganze etwa 1 Stunde lang, bis die Flüssigkeit auf etwa 650—700 ccm eingedampft ist und schaltet dann die Vorlage, die mit 25 ccm $^1/_{10}$ n-Säure und entsprechend Wasser beschickt ist, ein. Man drückt dann den Glasstab vorsichtig soweit hinunter, daß das Gläschen durch den Boden des Kolbens aus dem Ring gehoben wird und umfällt bzw. drückt ihn soweit hinunter, daß der Inhalt des Gläschens in den Kolben ausläuft.

Man destilliert solange, bis in der überdestillierenden Flüssigkeit kein $NH_3$ mehr nachweisbar ist (etwa 150 ccm), löst die Verbindung zwischen Aufsatz und Kühler und stellt gleich den Kolben mit Aufsatz zum Abkühlen in kaltes Wasser oder Eis.

Inzwischen titriert man in der Vorlage die überschüssige Säure mit Lauge und Methylorange zurück.

Die verbrauchten Kubikzentimeter Säure entsprechen dem vorhandenen Nitrit.

1 ccm $^1/_{10}$ n-Säure = 0,00851 g $KNO_2$ oder 0,00691 g $NaNO_2$.

Waren 2 ccm einer Normalnitritlösung angewandt, so ist: Anzahl Kubikzentimeter verbrauchter Säure mal 5 = Prozent Nitrit.

In den erkalteten, höchstens lauwarmen Kolben gibt man 6 g wasserfreies bzw. 12 g kristallisiertes in möglichst wenig Wasser gelöstes Ferrosulfat und 80—100 g (je mehr, desto schneller geht die Bestimmung) festes Natriumhydroxyd, verschließt den Kolben und verbindet sofort mit dem Kühler und einer neuen mit 25 ccm $^1/_{10}$ n-Säure beschickten Vorlage. Durch die Lösungswärme des Natriumhydroxydes erhitzt sich der Kolben von selbst bis zum Sieden. Um ein zu stürmisches Aufkochen zu vermeiden, erhitzt man daher zunächst sehr vorsichtig und destilliert dann solange bis ein übergehender Tropfen keine Gelbfärbung mehr mit Nesslers Reagens gibt. Die Destillation wird unterbrochen, die überschüssige Säure wie oben zurücktitriert.

Die verbrauchten Kubikzentimeter Säure entsprechen dem vorhandenen Nitrat.

Ein ccm $^1/_{10}$ n-Säure = 0,00851 g $NaNO_3$ oder 0,0101 g $KNO_3$.

Waren 2 ccm Normalnitratlösung angewandt, so ist: Anzahl Kubikzentimeter verbrauchter Säure mal 5 = % Nitrat.

Das Nitrat kann auch wie folgt bestimmt werden: In den erkalteten Kolben werden 25 ccm 30 proz. Natronlauge und 5 g Devarda Legierung gegeben und dann sehr vorsichtig erhitzt (starkes Schäumen). Das Weitere wie oben.

Dauer der ganzen Bestimmung 2½ bis 3 Stunden.

## Tabelle VII.
### Trennung von Nitrit-Nitratgemischen.

| Versuch Nr. | Angewandt | | Verbr.Säure f. | | Entspricht | | Angew.Menge | | Bemerkungen |
|---|---|---|---|---|---|---|---|---|---|
| | $NaNO_2$ in g | $NaNO_3$ in g | $NaNO_2$ in ccm | $NaNO_3$ in ccm | $NaNO_2$ in g | $NaNO_3$ in g | $NaNO_2$ in % | $NaNO_3$ in % | |
| 90 | 0,1382 | 0,1702 | 20,0 | 20,0 | 0,1382 | 0,1702 | 100,0 | 100,0 | ⎫ Nitrat nach |
| 91 | 0,1382 | 0,1702 | 20,0 | 20,0 | 0,1382 | 0,1702 | 100,0 | 100,0 | ⎭ Devarda |
| 92 | 0,1382 | 0,1702 | 20,0 | 20,0 | 0,1382 | 0,1702 | 100,0 | 100,0 | ⎫ Nitrat mit |
| 93 | 0,1382 | 0,1702 | 20,0 | 20,0 | 0,1382 | 0,1702 | 100,0 | 100,0 | ⎭ $Fe(OH)_2$ |
| 94 | 0,2073 | 0,0851 | 30,0 | 10,0 | 0,2073 | 0,0851 | 100,0 | 100,0 | dgl. |
| 95 | 0,1382 | 0,0851 | 20,0 | 10,0 | 0,1382 | 0,0851 | 100,0 | 100,0 | dgl. |
| 96 | 0,0691 | 0,2553 | 10,0 | 30,0 | 0,0691 | 0,2553 | 100,0 | 100,0 | dgl. |
| 97 | 0,0691 | 0,1702 | 10,0 | 20,0 | 0,0691 | 0,1702 | 100,0 | 100,0 | dgl. |
| 98 | 0,1382 | 0,0085 | 20,0 | 1,0 | 0,1382 | 0,0085 | 100,0 | 100,0 | dgl. |
| 99 | 0,0069 | 0,1702 | 1,0 | 20,0 | 0,0069 | 0,1702 | 100,0 | 100,0 | dgl. |

Die obige Vorschrift ist so gehalten, daß sie ganz allgemein für Nitrat-Nitritgemische von jeder Zusammensetzung anwendbar ist.

Ist die Zusammensetzung des Gemisches annähernd bekannt (viel Nitrit wenig Nitrat usw.), so kann natürlich die Arbeitsweise bedeutend verbessert werden. Man wird dann dem angegebenen Prinzip entsprechend die Menge $FeSO_4$ und NaOH und die vorgelegte Säuremenge danach bestimmen. Auch wird man in diesem Falle besser eine größere Menge Substanz nehmen, um die Pipettierfehler zu verkleinern und die prozentuale Empfindlichkeit der Bestimmung zu erhöhen. Bei Verwendung größerer Substanzmengen muß aber natürlich die erforderliche Menge abzudestillierender Flüssigkeit vorher ermittelt werden und es ist stets darauf zu achten, daß die Alkalikonzentration immer unter 6,5% bleibt.

Voraussetzung für das Verhalten von einwandfreien Werten ist selbstverständlich die Verwendung von absolut stickstofffreiem Ferrosulfat und ebensolchem Natriumhydroxyd. Ist die Reinheit dieser Substanzen nicht sicher festgestellt, so muß durch einen blinden Versuch mit den gleichen Substanzmengen die

Anzahl verbrauchter Kubikzentimeter Säure bestimmt werden und diese Zahl von der gefundenen abgezogen werden. Bei der Nitritbestimmung spielt dies weniger eine Rolle, da ja das ganze Gemisch zuerst ohne Vorlage gründlich ausgekocht wird, wobei etwa gebildetes $NH_3$ entweicht, wohl würden aber die Ergebnisse der Nitratbestimmung zu hoch ausfallen. Ist das Ferrosulfat, was oft vorkommt, nitrathaltig, so wird man zweckmäßig die Nitratbestimmung mit Devardalegierung vornehmen. Von den zahlreichen ausgeführten Bestimmungen sind in Tabelle VII, S. 30 verschiedene als Belege wiedergegeben. Wie daraus zu ersehen ist, sind die Ergebnisse auch bei den verschiedensten Zusammensetzungen der Nitrat-Nitritgemische sehr genau.

Diese Trennungsmethode wurde außerdem noch mit einer der bisher üblichen verglichen.

Versuch 95—96. Es wurde eine Nitrat-Nitritlösung von unbekannter Zusammensetzung analysiert.

In einem Teil wurde das Nitrit und das Nitrat nach der oben angegebenen Methode bestimmt.

In einem anderen Teil wurde in einer Probe der Gesamtstickstoff nach Devarda bestimmt. In einer anderen Probe wurde das Nitrit nach Raschig titriert. Die Differenz aus Gesamtstickstoff und Nitritstickstoff ergibt den Nitratstickstoff und daraus das Nitrat. Die Ergebnisse je zweier Parallelversuche sind in der Tabelle VIII enthalten.

Tabelle VIII.

Vergleich der neuen Trennungsmethode mit einer der bisher üblichen.

Angewandt: 2 ccm einer Nitrat-Nitritlösung von unbekannter Zusammensetzung.

| Methode | Darin sind enthalten | |
|---|---|---|
| | $NaNO_2$ in g | $NaNO_3$ in g |
| Nach Raschig-Devarda: | 0,01782 | 0,0453 |
| | 0,01733 | 0,0459 |
| Nach der neuen Methode durch Reduktion mit $Fe(HO_2)$: | 0,01730 | 0,0459 |
| | 0,01730 | 0,0463 |

### III. Theoretischer Teil.

Beim Versuche, die in dem experimentellen Teil dieser Arbeit gefundenen Erscheinungen auf dem Boden der altbekannten chemischen Tatsachen zu erklären, stößt man auf zwei Schwierigkeiten: die praktische Unlöslichkeit des $Fe(OH)_2$ in Wasser und vor allem in Lauge, die eine plausible Erklärung auf Grund von reinen Ionenreaktionen wenig wahrscheinlich macht und die hiermit unerklärliche Rolle des Sauerstoffes.

Am besten dürften daher diese Reduktionsvorgänge auf Grund der Ansichten von Baudisch über die Nitrat- und Nitritreduktion zu erklären sein.

Schon in den ersten Abhandlungen Baudischs[1]) über dieses Thema wurde die Vermutung ausgesprochen, daß vielleicht das aus Ferrohydroxyd und Sauerstoff primär entstehende Peroxyd von der Formel:

$$\begin{matrix} O \\ \| \\ O \end{matrix} Fe \begin{matrix} OH \\ \\ OH \end{matrix}$$

für die Reduktion des Nitrates verantwortlich zu machen sei. Die Reduktion sollte durch Entladung der beiden Peroxyde $\left(KNO_3 \text{ und } Fe(OH)_2^{O_2}\right)$ vor sich gehen, und deshalb wurde auch dort die Nitratreduktion mit der kürzlich von H. Wislicenus gefundenen Reduktion von $CO_2$ durch $H_2O_2$ in eine Parallele gebracht. $H_2O_2$ entsteht ja auch bei der Autoxydation von Ferrohydroxyd, wenn es bisher auch nur indirekt nachgewiesen wurde[2]). Es war also auch denkbar, daß $H_2O_2$ im Status nascendi reduzierend auf Alkalinitrat wirken kann. Um dies nachzuprüfen wurde folgender Versuch gemacht:

Versuch 97. 5 g Oxanthron werden in eine Lösung von 4 g NaOH und 0,1702 g $NaNO_3$ in 500 ccm Wasser eingetragen und wie üblich destilliert. Die Lösung färbt sich tief blutrot (Alkalisalz des Anthrahydrochinon). Es wird kein $NH_3$ gebildet.

Die Destillation wird unterbrochen und durch den Kolbeninhalt Luft geblasen, bis alles Anthrahydrochinon in Anthrachinon übergegangen ist, dann wird erneut destilliert.

Es bildet sich kein $NH_3$, im Rückstand ist kein Nitrit nachweisbar, wohl aber $H_2O_2$ (Jodkaliumstärkepapier wird gebläut).

Die obige Vermutung ist also auf Grund dieses Versuches nicht mehr haltbar, denn sonst müßte Nitrat in alkalischer Lösung von Oxanthron, welches ja bekanntlich[3]) $H_2O_2$ durch

---

[1]) Baudisch, B. 52, 40. 1919.
[2]) Manchot und Herzog, Zeitschr. f. anorg. Chemie 27, 404. 1910.
[3]) Baudisch, B. 52, 39. 1919.

Aktivierung des Luftsauerstoffes bildet, ebenfalls zu Alkalinitrit reduziert werden, was aber nicht der Fall ist.

Versuche bei welchen $H_2O_2$ direkt verwandt wurde, ergaben ebenfalls keine Reduktion des Nitrates.

Mit diesem Ausfall der Versuche mit $H_2O_2$ verlor auch die frühere Vermutung der gegenseitigen Entladung der beiden Peroxyde $\left(KNO_3 \text{ und } Fe\begin{smallmatrix}O_2\\(OH)_2\end{smallmatrix}\right)$ und die damit in Zusammenhang gebrachte primäre Addition von $KNO_3$ an das Peroxydeisenmolekül $\left(Fe\begin{smallmatrix}O=O\ldots KNO_3\\(OH)_2\end{smallmatrix}\right)$ an Wahrscheinlichkeit.

Die erste Vermutung für die Wichtigkeit der Verbindung $Fe\begin{smallmatrix}O_2\\(OH)_2\end{smallmatrix}$ blieb trotzdem aufrecht, jedoch war auf Grund der Versuche, bei welchen $H_2O_2$ verwandt worden war ohne daß eine Reduktion entstand, der Gedanke nähergerückt, daß einzig und allein die ungesättigte Natur des Ferroatoms oder -Ions für die Reduktion des Nitrates verantwortlich zu machen sei.

Bevor auf diesen Punkt näher eingegangen wird, sollen die bekannten Arbeiten vorausgeschickt werden, welche sich mit der Autoxydation des Ferrohydroxydes und des Ferrobicarbonates befassen.

Nach Just[1]) wird auf ein Molekül Ferrosalz in erster Reduktionsphase 1 Molekül $O_2$ zum Umsatz gebracht und somit 3 Äquivalente Sauerstoff aktiviert. Just gibt dafür folgendes Formelbild:

$$\begin{smallmatrix}O\\\|\\O\end{smallmatrix}\!\!>\!Fe\!<\!\!\begin{smallmatrix}OH\\OH\end{smallmatrix}$$

für das primär gebildete Moloxyd und schreibt die summarische Oxydationsgleichung:

$$Fe(OH)_2 + O_2 + H_2O \rightleftharpoons O_2H + Fe(OH)_3.$$

Manchot fand, daß zwar kein Superoxydsauerstoff als solcher bei der Autoxydation nachweisbar sei, daß derselbe aber in Gegenwart eines als energischer Acceptor wirkenden Überschusses von arseniger Säure in stark alkalischer Lösung sich indirekt quantitativ bestimmen läßt.

In dem Buche von C. Englers und J. Weissberg „Kritische Studien über die Vorgänge der Autoxydation" wird die Oxydation des Ferrohydroxydes folgendermaßen formuliert:

---

[1]) B. **40**, 3695. 1901. Zeitschr. f. physikal. Chemie **63**, 385. 1907.

Pseudautoxydator

$$2\,\text{Fe}\!\!<\!\!^{\text{OH}}_{\text{OH}} + 2\,\text{HOH} \rightleftharpoons 2\,\text{Fe}\!\!<\!\!^{^{\text{OH}}_{\text{OH}}}_{\text{OH}} + 2\,\text{H}$$

Sekund. Autoxydator

$$2\,\text{H} + \text{O}_2 = \text{H}_2\text{O}_2.$$

Es ist aus diesen Angaben zu ersehen, daß der Prozeß der Autoxydation des Ferrohydroxydes noch lange nicht vollkommen geklärt ist. Aus den Arbeiten von Manchot und Just ist bekannt, daß die molare Menge des Sauerstoffes, also die Menge 2 O bzw. $\text{O}_2$ in erster Phase reagiert, was zum Schlusse führt, daß der Sauerstoff als Molekül in Reaktion tritt. Diese Tatsache ist für die folgende theoretische Ausführung von Wichtigkeit.

Aus dem experimentellen Teil ist zu ersehen, daß Nitrat von Ferrohydroxyd in neutraler oder alkalischer Lösung schon in der Kälte sofort zu Nitrit reduziert wird, ja, daß Peroxydbildung und Nitratreduktion direkt gekoppelt zu sein scheinen, denn sonst könnte nicht ein so großer Unterschied in der Größenordnung der Reduktion bestehen, wenn einmal Nitrat schon in der Lösung vorhanden ist, oder das andere Mal das Nitrat unmittelbar nach dem Zusammenschütten von Lauge und Ferrosulfat eingetragen wird (Versuch 74—79, S. 22).

Läßt man schließlich das Ferrohydroxyd in der wässerigen, neutralen oder schwach alkalischen Lösung stehen, so daß sich nach und nach aus dem grünlichen Ferrohydroxyd eine fast schwarze Verbindung bildet, und trägt dann erst Nitrat ein, so wird dieses fast gar nicht mehr reduziert.

Diese Beobachtungen machen schon die Annahme wahrscheinlich, daß das Eisenatom durch koordinative Anlagerung von Sauerstoff eine Änderung erlangt haben muß. Die Reaktion könnte dann folgendermaßen erklärt werden: Während Ferrohydroxyd keine Affinität zum Nitratmolekül besitzt[1]), reagiert das Peroxyd des Ferrohydroxydes schon im Entstehungszustande

---

[1]) Nitrat hat geringe Tendenz zur Komplexsalzbildung, was sich darin dokumentiert, daß das Potential einer gegebenen Ferro-Ferrisulfatlösung durch Nitratzusatz keine wesentliche Änderung erfährt, ein Zeichen, daß das Verhältnis Fe`` zu Fe``` nicht verschoben ist. Es sind auch keine Doppelnitrate des zwei- und dreiwertigen Eisens bekannt. E. Müller, Das Eisen und seine Verbindungn, S. 73.

auf dasselbe, wobei angenommen werden kann, daß das Nitrat koordinativ an das Eisenatom des Peroxydes $\mathrm{Fe}\genfrac{}{}{0pt}{}{O_2}{(OH)_2}$ gebunden wird, was zu folgender Verbindung führt:

$$\mathrm{Fe\,(OH)_2} \cdot \overset{O_2}{\underset{KNO_3}{}}$$

Durch die Nebenvalenzbildung des Nitrates an das Eisenatom wird nun aber das Nitratmolekül so gelockert, daß eine Abspaltung von Sauerstoff und Nitritbildung erfolgen kann:

$$\overset{O_2}{\underset{KNO_3}{\mathrm{Fe\,(OH)_2}}} \longrightarrow \overset{O_2}{\underset{KNO_2}{\mathrm{Fe\,(OH)_2}}} + O\,.$$

Das abgespaltene Sauerstoffatom wirkt auf das immer im Überschuß vorhandene Ferrohydroxyd oxydierend und das Nitrit wird in bekannter Weise zu $NH_3$ reduziert.

Es ist nun zunächst die Frage aufzurollen, ob man berechtigt ist, eine solche Bindung des Nitrates an das Eisen und den damit bedingten reduktiven Zerfall anzunehmen.

Aus den Versuchen von K. A. Hoffmann ist bekannt, daß Prussoammoniaknatrium:

$$\mathrm{Fe}\begin{bmatrix}NH_3\\Cy_5\end{bmatrix}Na_3\,.$$

beim Kochen mit Alkalinitrit in alkalischer Lösung in Prussonitrosonatrium:

$$\mathrm{Fe}\begin{bmatrix}NO\\Cy_5\end{bmatrix}Na_3$$

übergeht. Es ist anzunehmen, daß der Prozeß durch eine koordinative Bindung des Nitritmoleküls an das Eisenatom eingeleitet wird, daß also primär:

$$\mathrm{Fe}\begin{bmatrix}NOOK\\Cy_5\end{bmatrix}Na_3$$

entsteht. Es ist nun gelungen, durch eine Farbenreaktion zu zeigen, daß das Nitritmolekül in der Tat eine Koordinationsstelle des komplex gebundenen Eisens besetzen kann, und zwar wie folgt:

Prussoammoniaknatrium bindet Nitrosoverbindungen unter Verdrängung des $NH_3$, was sich durch prächtige Färbungen kundtut[1]).

---

[1]) Nach K. Schäfer sind nur die Vorgänge innerhalb der ersten Sphäre optisch wirksam. Zeitschr. f. anorg. Chemie 86, 212. 1918.

So gibt z. B. Prussoammoniaknatrium in wässeriger Lösung mit Nitrosobenzol eine tiefviolette Verbindung der Formel:

$$\text{Fe} \begin{bmatrix} C_6H_5NO \\ Cy_5 \end{bmatrix} Na_3 + 3\,H_2O,$$

die gegen Säure und Alkalien sehr beständig ist. Diese Färbung bleibt aus, wenn in der Lösung gleichzeitig Nitrit (KCN, $Na_2SO_3$, CO) vorhanden ist, während Nitrat (auch NaCl, $Na_2SO_4$) auf die Farbenreaktion keinen Einfluß ausübt.

Läßt man diese violette Verbindung in Gegenwart von Nitrit im Sonnenlicht stehen, so verschwindet die violette Farbe und in der nun rotgelben Lösung läßt sich jetzt:

$$\text{Fe} \begin{bmatrix} NO \\ Cy_5 \end{bmatrix} Na_3$$

neben Nitrobenzol nachweisen.

**Das Nitrit ist also infolge koordinativer Bindung an das Eisenatom der Komplexverbindung reduktiv zerfallen.**

Daß durch eine koordinative Bindung gleichzeitig eine Veränderung im Molekül desselben stattfindet, zeigt in diesem Beispiel schon, daß das schwach grüne Nitrosobenzol mit dem schwach gelben Prussoammoniaknatrium eine tief violette Verbindung liefert, welche glatt wieder in die ursprünglichen Komponenten zerlegt werden kann. Diesem hemmenden Einfluß des Nitritmoleküls gegenüber dem Nitratmolekül läßt sich auch wie folgt zeigen:

Bestrahlt man eine wässerige Lösung eines Gemisches von Ferrocyankalium und Nitrosobenzol mit Tages- oder Quecksilberlicht, so entsteht wieder die oben erwähnte violette Färbung, da ein HCN-Rest austritt und an dessen Stelle Nitrosobenzol eintritt. In Gegenwart von Nitrit bleibt diese Färbung aus, in Gegenwart von Nitrat nicht. Außer Nitrit wirken auch KCN, $Na_2SO_3$, Pyridin, Nikotin oder Piperidin vollkommen hemmend, was die große Affinität dieser N-haltigen Verbindungen zum komplex gebundenen Eisenatom beweist.

Die Annahme, daß das Alkalinitrat infolge der lockeren Bindung an das Eisenatom des $\text{Fe}\,\substack{O_2 \\ (OH)_2}$ reduktiv zerfällt, hat somit als Analogieschluß seine Berechtigung.

Die Annahme der koordinativen Bindung des Nitrates an das Eisenperoxyd wird durch folgende Betrachtung gestützt:

Aus dem Versuch 83, wo das Nitrat zu der schwarzen Ferro-Ferriverbindung zugegeben wurde, ist schon zu ersehen, daß die Nebenvalenzen des ungesättigten Eisenatoms für die Reduktion ausschlaggebend sind, denn diese Verbindung reduziert Nitrit infolge seiner Ferrostufe glatt zu $NH_3$ und verändert Nitrat nicht.

Es kann angenommen werden, daß diese schwarze Verbindung, die schon beim Stehen des Ferrohydroxydes in neutraler Lösung gebildet wird, in der Hauptsache eine Nebenvalenzverbindung zwischen Ferrohydroxyd und seinem Peroxyd ist:

$$Fe\begin{array}{c}OH\\OH\end{array}\ldots Fe\begin{array}{c}O_2\\OH\\OH\end{array}$$

Die schwarze Farbe steht damit in bestimmten Einklang, denn als chinhydronartige Verbindung muß sie eine intensive Farbe haben, aber auch deshalb schwarz gefärbt sein, weil sie Eisenatome in verschiedenen Wertigkeitsstufen enthält[1]).

Da die Nebenvalenzen hier sämtlich abgesättigt sind, wird entsprechend kein Nitrat mehr koordinativ gebunden und deshalb reduziert.

Wird nun Alkalinitrat von Ferrohydroxyd auch dann koordinativ gebunden, wenn sich vorher an das Eisen eine andere Verbindung als 1 Molekül Sauerstoff anlagert?

Gelingt es, diese Frage experimentell zu lösen, so ist die hier entwickelte theoretische Anschauung wesentlich gestützt.

Hier setzen nun die experimentellen Ergebnisse der Versuche mit Alkalihydroxyd ein.

Aus den Kurven, Abb. 3 und 4, S. 13, ersieht man deutlich, daß Alkali anfangs die Menge Nitrat, welche reduziert wird, systematisch herabdrückt, daß aber schließlich ein Punkt erreicht

---

[1]) Aus einer Lösung von Ferroion fällt Alkalilauge, welches ja Hydroxylionen enthält, Eisen vollkommen als Ferrohydroxyd, daß bei sorgsamsten Abschluß von Sauerstoff weiß ist. Da die Gegenwart von kleinen Mengen Luftsauerstoff schwierig zu vermeiden ist, so erhält man für gewöhnlich einen grünlichen Niederschlag, der allmählich schwarz und dann braun wird. Das Ferrohydroxyd wird durch Sauerstoff sehr energisch zu braunen Ferrihydroxyd oxydiert. Beide geben zusammen eine schwarze Verbindung, welche im Gemisch mit dem braunen Ferrihydroxyd grünlich aussieht. E. Müller, Das Eisen und seine Verbindungen, S. 120.

wird, wo diese Menge wieder rasch zu steigen beginnt. Man kann sich das so vorstellen, daß anfangs gewissermaßen ein Konkurrenzkampf des Sauerstoffes mit dem Alkali um die Nebenvalenzen des Eisens stattfindet.

Die begierige Aufnahme von Sauerstoff durch Ferrohydroxyd in einer neutralen oder schwach alkalischen Lösung zeigt sich durch die rasche Verfärbung des anfangs weißlichen Ferrohydroxydes. Macht man zwei Parallelversuche mit schwacher und mit konzentrierter Lauge, so zeigt sich deutlich, daß das aus der starken Lauge ausfallende Ferrohydroxyd weißlich bleib auch wenn man kräftig mit Luft schüttelt oder sogar Sauerstoff einleitet, während es unter den gleichen Umständen in der schwachen Lauge schwarz wird (Versuch 73). Man sieht ja auch aus den Versuchen 64 und 71, daß in der stark alkalischen Lösung die Menge Nitrat, welche reduziert wird, durch das Einleiten von Sauerstoff gar nicht steigt, während sie in der schwach alkalischen Lösung direkt sprunghaft in die Höhe schnellt.

Um das Verhältnis des Alkalihydroxydes zum Ferrohydroxyd näher zu zeigen, seien noch folgende Beispiele gebracht, wo das Alkali sich an komplex gebundenes Eisen anlagert.

Es wird in drei Schalen die frisch bereitete Lösung von Prussoammoniaknatrium in destilliertem Wasser gegeben. In Schale I gibt man schwache, in Schale II starke Lauge; Schale III bleibt wie sie ist. Nach $^1/_4$ stündigem Stehen an der Luft entnimmt man den drei Schalen gleiche Proben und fügt Anilinwasser hinzu. Schale III wird tiefgrün, Schale I blaßgrün; Schale II bleibt unverändert. Die grüne Farbe ist ein Oxydationsprodukt des Anilins, daß durch das in den Schalen infolge Autoxydation entstandene Peroxyd gebildet wird.

In der Schale II wird die Aufnahme des Sauerstoffes durch das anwesende Alkali ganz verhindert, in der Schale I zurückgedrängt.

Komplexe Ferrosalze verhalten sich also ähnlich wie gewöhnliche Ferrosalze.

**In neutraler Lösung nimmt das Ferrohydroxyd den im Wasser gelösten Sauerstoff glatt auf und reduziert dabei das Nitrat augenblicklich zu Nitrit.**

Diese Tatsache läßt sich folgendermaßen sehr gut demonstrieren:

Man gibt in einen Kolben 500 ccm Wasser und 2 ccm n-Nitratlösung. In einen anderen Kolben gibt man 500 ccm Wasser, 2 ccm n-Nitratlösung und 2,6 g festes NaOH. In diese letztere Lösung gießt man nun bei Zimmertemperatur eine wässerige Lösung von 4,8 g wasserfreiem Ferrosulfat. Das ausfallende Ferrohydroxyd färbt sich in der neutralen Lösung bald schwarz. Nach 5 Minuten filtriert man aus der letzteren Lösung 50 ccm ab und prüft das Filtrat mit Nitron. Desgleichen prüft man 50 ccm aus dem ersten Kolben. Beide Lösungen sind zunächst klar. Am nächsten Tag sind in dem ersten Kolben reichlich Nadeln von Nitronnitrat vorhanden, während im zweiten Kolben keine Krystallabscheidung vorhanden ist.

Nimmt man von Anfang an mehr Nitrat (12 ccm n-Nitratlösung), so kann man die Abnahme des Nitrates in dem zweiten Kolben direkt verfolgen, indem man in kurzen Zeitabständen Proben nimmt. In dem Maße wie die Nitratreaktion abnimmt, steigt die Nitritreaktion mit Indol.

Die Abnahme der Menge Nitrat, welche reduziert wird mit zunehmender Alkalikonzentration, dürfte so zu erklären sein, daß durch das Alkali Nebenvalenzen des Eisens mit Beschlag belegt werden, die nun für den Sauerstoff verlorengehen.

Daß solche Anlagerungen von Basenmolekülen an Metallatome vorkommen können, geht aus den Arbeiten von Miolati und Bellucci und von P. Pfeiffer hervor. Miolati und Bellucci haben nachgewiesen, daß z. B. 2 Moleküle KOH sich an $Pt(OH)_4$ anlagern, welcher Prozeß folgendermaßen dargestellt wird:

$$(OH)_4Pt + 2\,OHK \longrightarrow (OH)_4Pt\genfrac{}{}{0pt}{}{OHK}{OHK} = Pt(OH)_6K_2$$

P. Pfeiffer macht in seiner Arbeit, betitelt: Beitrag zur Hydrolyse, B. 40, 4040, darauf aufmerksam, daß die Hydroxosalze den Halogenosalzen völlig gleichen, und bringt weiter Beispiele von Basenmolekülanlagerungen an Schwermetallhydroxyden, z. B.:

$$Zn\genfrac{}{}{0pt}{}{OH}{OH} + OHK = \left[Zn\genfrac{}{}{0pt}{}{OH}{\genfrac{}{}{0pt}{}{OH}{OH}}\right]K$$

Würde das Alkali das Eisen direkt chemisch verändern, so sollten doch auch entsprechende Schwankungen der Menge Nitrites, welches reduziert wird, bei der Nitritreduktion zu beobachten sein, was jedoch nicht der Fall ist.

Hat das Alkali eine gewisse Konzentration erreicht, so hört der Einfluß des Sauerstoffes schließlich ganz auf und das Alkali übernimmt seine Rolle:

$$\text{Fe}\begin{matrix}\text{OH}\\ \text{OH}\end{matrix} + \text{OHK} = \text{Fe}\begin{bmatrix}\text{OH}\\ \text{OH}\\ \text{OH}\end{bmatrix}\text{K}$$

Diese Annahme würde ohne Zwang erklären, daß Alkalinitrat in Gegenwart von starker Lauge, auch in Abwesenheit von Sauerstoff reduktiv zerfallen kann, denn die für die Nitratreduktion notwendige koordinative Bindung erfolgt nun auf Kosten des locker gebundenen Alkalihydroxydes, und nicht mehr auf Kosten des locker gebundenen Sauerstoffmoleküles.

Ist diese Annahme richtig, so müßte man das Alkalihydroxyd auch durch andere Verbindungen, welche die Fähigkeit besitzen, sich an das Eisen durch Nebenvalenzen zu binden, ersetzen können.

Das läßt sich nun in der Tat durch folgende Versuche beweisen:

Versuch 98. Versuch 97 (mit Oxanthron) wird wiederholt, aber dazu noch 5 g wasserfreies Ferrosulfat gegeben.

Erhalten: 14% des vorhandenen Nitrates reduziert.

Versuch 99. Wie vor, aber in Abwesenheit von Sauerstoff. Zuerst wird das Gemisch von Oxanthron und Ferrosulfat in Wasser $^1/_2$ Stunde lang ausgekocht, dann das Nitrat und das NaOH, die sich beide in dem Gläschen (siehe Apparatur) befinden, eingetragen.

Erhalten: 13% des vorhandenen Nitrates reduziert.

Versuch 100. Wie vor, in Abwesenheit von Sauerstoff, aber mit 5 g Gallussäure an Stelle des Oxanthrons. Das ausfallende Ferrosalz ist grauweiß mit ganz schwachem violettem Stich. Bei längeren Kochen wird die Farbe allmählich intensiv rotviolett.

Erhalten: 7% des vorhandenen Nitrats reduziert.

Versuch 101. Wie vor, aber mit 5 g Brenzcatechin an Stelle der Gallussäure. Das ausfallende Ferrosalz ist zuerst weiß und wird beim Kochen allmählich rot.

Erhalten: 9% des vorhandenen Nitrates reduziert.

Wie aus diesen Versuchen zu ersehen ist, reduzieren also die drei organischen Verbindungen: Antrahydrochinon, Gallussäure und Brenzcatechin, die mit dem Eisen leicht Komplexsalze bilden, Nitrate in alkalischer Lösung in Gegenwart von Ferrohydroxyd zu $NH_3$, auch in Abwesenheit von Sauerstoff. Bei der Gallussäure und dem Brenzcatechin wird die

Sauerstoffabspaltung aus dem Nitrat auch dadurch ersichtlich, daß die anfangs kaum gefärbten komplexen Ferroverbindungen beim anhaltenden Kochen die Farbe der Ferriverbindungen annehmen, obwohl von außen kein Sauerstoff eindringen kann.

Diese, durch den abgespaltenen Nitrat- bzw. Nitritsauerstoff bedingte Farbenänderung kann man auch beim Ferrohydroxyd in stark alkalischer Lösung in der Siedehitze beobachten. Das anfangs weißliche Ferrohydroxyd wird fast blitzartig schwarz gefärbt, wenn die Reaktion des Nitratzerfalles eingesetzt hat.

Was die Reduktion des Nitrites durch Ferrohydroxyd anbelangt, so ist schon früher durch Baudisch[1]) darauf hingewiesen worden, daß diese darauf zurückzuführen sei, daß das ungesättigte Nitritstickstoffatom mit dem Eisenatom unter koordinativer Bindung reagiert, und hierauf unter Sauerstoffabspaltung zerfällt. Es muß sich dabei immer zunächst NOH bilden und es ist verständlich, wenn Zorn in der Kälte untersalpetrige Säure neben $NH_3$, $N_2O$ und $N_2$ findet. Wie bereits im experimentellen Teil geschildert, kann die Reduktion aber so geleitet werden, daß das KNO quantitativ weiter bis zu $NH_3$ reduziert wird.

Macht man die Lösung stärker alkalisch, so wird der Zerfall der Verbindung KNO zurückgedrängt und damit auch die Bildung von $N_2O$ und $N_2$:

$$NOK \rightleftharpoons NO + K.$$

In neutraler Lösung aber wird bei großem Eisenüberschuß das NO an das Ferrosalz gebunden und dadurch der Reduktion zugänglich gemacht.

### Zusammenfassung.

Als Zusammenfassung der Arbeit ergibt sich folgendes:

Das koordinativ ungesättigte Eisenatom des Ferrohydroxydes hat das Bestreben sich zu sättigen und zieht aus diesem Grunde Verbindungen oder Moleküle, welche Affinität zum Eisen besitzen, in die innere Sphäre, mit anderen Worten, das Eisenatom oder -ion hat eine große Tendenz zur Komplexsalzbildung. Dies äußert sich bekanntlich auch schon darin, daß z. B. in einer Ferrochloridlösung merkliche Selbstkomplexbildung vorhanden ist:

$$2\ FeCl_2 \rightleftharpoons Fe'' + FeCl_4''$$

---

[1]) Baudisch, B. **52**, 20. 1919.

Es ist nun als Ergebnis dieser Arbeit festgestellt worden, daß das Eisenatom durch primäre Absättigung einer oder mehrerer Koordinationsstellen Eigenschaften erhält, die es vorher nicht besaß.

So erlangt z. B. das Ferrohydroxyd durch Anlagerung eines Moleküls Sauerstoff oder Alkalis die Eigenschaft Nitrat zu Nitrit zu reduzieren. Hierbei wird das Nitrat nach primärer Anlagerung des Sauerstoffes oder des Alkalis, sekundär ebenfalls an das Eisenatom locker gebunden, wodurch es zerfällt und die Reduktion eintritt.

Durch diese Erkenntnis gelangt man zu einer ganz neuen Anschauung über das Wesen des Eisens als Induktor bei chemischen und lichtchemischen Reaktionen. Es ist gewiß kein Zweifel, daß besonders solche Verbindungen, welche zur Komplexbildung mit Eisen neigen oder sonstwie Affinität zum Eisen besitzen, durch Eisen aktiviert werden. So sind z. B. wie C. Neuberg[1]) fand, Weinsäure und Bernsteinsäure sehr beständige Verbindungen. Durch Spuren Ferrosulfat werden sie jedoch außerordentlich lichtempfindlich und erleiden oxydativen Zerfall.

Genau so wird Weinsäure nur dann von $H_2O_2$ oxydiert, wenn geringe Spuren Eisen vorhanden sind. Dabei kann angenommen werden, daß die Weinsäure und das $H_2O_2$ durch koordinative Bindung an das Eisen aktiviert worden sind.

Auch bei der Oxydation der Zuckerarten durch Chlor spielt das Eisen vermutlich die Rolle des Induktors. Hier bindet das primär gebildete Zucker-Eisensalz nun koordinativ Chlor an das Eisenatom, was die Aktivierung beider Stoffe veranlaßt. Mit dieser Anschauung steht im Einklang, daß bei dieser Reaktion die Zugabe des Eisens immer vor der Zugabe des zu reduzierenden Stoffes erfolgen muß.

Zwischen Benzol und Brom findet keine Reaktion statt. Sobald aber Eisen hinzukommt tritt lebhaftes Aufkochen ein. Hier dürfte das primär gebildete Ferrobromid die Reaktion einleiten und Benzol sekundär binden, wodurch beide Stoffe aktiviert werden.

Durch die in dieser Arbeit auf Grund experimenteller Tatsachen gefundenen neuen Eigenschaften des Eisenatomes können also manche chemische und physiologische Prozesse in einem neuen Lichte beleuchtet werden.

---

[1]) C. Neuberg, Diese Zeitschr. **29**, 229. 1910; **64**, 59. 1914.

# Lebenslauf.

Am 15. September 1891 wurde ich zu Freiburg im Breisgau als Sohn des Kunsthändlers Gottfried Mayer geboren.

Meine Jugend verbrachte ich in Paris, wo ich das Lycée Condorcet besuchte und in den Jahren 1908 und 1909 die zwei Reifeprüfungen des Baccalauréat ès Sciences-Langues vivantes und des Baccalauréat de Mathématiques bestand. 1906—1907 hatte ich an der Oberrealschule in Freiburg i. B. die Berechtigung zum Einjährig-Freiwilligen Dienst erlangt.

Nach einem längeren Aufenthalt in England wurde ich im Herbst 1909 an der chemischen Abteilung der Eidgenössischen Technischen Hochschule in Zürich immatrikuliert. 1910—1911 diente ich mein Militärjahr beim Badischen Pionierbataillon Nr. 14 in Kehl a. Rh. ab.

März 1914 erhielt ich mein Diplom als technischer Chemiker und wurde sodann Privatassistent am Technisch-Chemischen Laboratorium der gleichen Hochschule (Prof. Dr. E. Bosshard). Juni 1914 erhielt ich meine Ernennung zum 1. Assistenten des gleichen Laboratoriums, trat jedoch diese Stelle infolge des Kriegsausbruches nicht mehr an.

Bei der Mobilmachung als Pionieroffizier eingezogen, wurde ich in den Winterkämpfen in der Champagne anfangs 1915 durch Kopfschuß schwer verwundet und wurde nach erfolgter Genesung 1916 als Hilfsreferent zum Ingenieur-Komitee nach Berlin versetzt. Bei Gründung des Kriegsamtes trat ich zu demselben über, wurde Sommer 1918 Überwachungs- und Abnahmeoffizier des Waffen- und Munitionsbeschaffungsamtes für den Bezirk Hamburg und begann dort neben meinem Dienste die vorliegende Arbeit am Strahlenforschungsinstitut am Eppendorfer Krankenhaus.

Oktober 1918 ging ich als Betriebsleiter der Sprengstoffwerke Glückauf in Hamburg in die Praxis. Nach Aufhören dieser Tätigkeit im März 1919, beendigte ich am Kaiser-Wilhelm-Institut für experimentelle Therapie in Berlin-Dahlem V, Abteilung Professor Neuberg, diese Arbeit und trat dann bei der Badischen Soda- und Anilin-Fabrik in Ludwigshafen ein.

Ludwigshafen am Rhein, Januar 1920.

MIX
Papier aus verantwortungsvollen Quellen
Paper from responsible sources
FSC® C105338

If you have any concerns about our products,
you can contact us on
**ProductSafety@springernature.com**

In case Publisher is established outside the EU,
the EU authorized representative is:
**Springer Nature Customer Service Center GmbH
Europaplatz 3, 69115 Heidelberg, Germany**

Printed by Libri Plureos GmbH
in Hamburg, Germany